心灵午夜密谈

通往自由与喜悦的生命旅程

[美]谢丽尔·西蒙　[印]萨古鲁·加吉·瓦殊戴夫　著

蒋永强　庄吉琼　译

Copyright © 2008 by Cheryl Simone and Sadhguru Jaggi Vasudev
Through Andrew Nurnberg Associates International Limited

版权合同登记号 图字：01-2024-0296

图书在版编目（CIP）数据

　　心灵午夜密谈：通往自由与喜悦的生命旅程 /（美）谢丽尔·西蒙,（印）萨古鲁·加吉·瓦殊戴夫著；蒋永强，庄吉琼译. -- 北京：当代中国出版社，2024.6
　　书名原文：MIDNIGHTS WITH THE MYSTIC: A Little Guide to Freedom and Bliss
　　ISBN 978-7-5154-1306-8

　　Ⅰ. ①心… Ⅱ. ①谢… ②萨… ③蒋… ④庄… Ⅲ. ①心灵学—通俗读物 Ⅳ. ①B84-49

中国国家版本馆 CIP 数据核字 (2024) 第 037112 号

出 版 人	王　茵
选题策划	韦　巢
责任编辑	焦晓萍
特约编辑	张　专
责任校对	贾云华
印刷监制	刘艳平
封面设计	予　雯
出版发行	当代中国出版社
地　　址	北京市地安门西大街旌勇里 8 号
网　　址	http://www.ddzg.net
邮政编码	100009
编 辑 部	（010）66572264
市 场 部	（010）66572281　66572157
印　　刷	北京中汇数字印刷有限公司
开　　本	880 毫米 ×1230 毫米　1/32
印　　张	10.75 印张　1 插页　156 千字
版　　次	2024 年 6 月第 1 版
印　　次	2024 年 6 月第 1 次印刷
定　　价	56.00 元

版权所有，翻版必究，如有印装质量问题，请拨打（010）66572159 联系出版部调换。

此书以其优雅而简朴的风格，将你带进意识探索的神秘领域，从而让你领会到一个更高的生命实相。

——迪帕克·乔普拉（Deepak Chopra）

对《心灵午夜密谈：通往自由与喜悦的生命旅程》的赞誉

不故作高深，只有朴素的真理。谢丽尔·西蒙与萨古鲁不仅告诉我们人生的真相，而且向我们展示如何运用这些信息去拓展和享受生活。

——［美］乔·维达来（Joe Vitale）博士，
《吸引子与钥匙》（*The Attractor and The Key*）作者

非凡的智慧和洞察力，清晰的思路，诗一样的语言。阅读这本不同寻常的书，你将会从中发现一个真实的自己。

——［美］尼尔·唐纳德·沃尔什（Neale Donald Walsch），
《与神对话》（*Conversations with God*）作者

当你阅读这本书的时候，我知道你一定会被其中的真理打动，并感悟到生命的真相，它会推动你走上蜕变之旅，因为你会像我一样认识到，对于每一个愿意打开心胸，愿意从萨古鲁悟性宽广的生命那里接收无尽祝福的人而言，平静、满足、充满活力的生活就在眼前。

——来自得克萨斯的理查德，《一辈子做女孩》（*Eat, Pray, Love*）中的一个人物

萨古鲁以其无瑕的逻辑和智慧为我们揭示了人生的真相，而作者又以她引人入胜的个人人生历程为我们揭示了萨古鲁这个人以及他的瑜伽科学。这本书非常有力地说明了为什么我们应该像萨古鲁一样，去经历更为宽广而有深度的人生。

——［印］拉维·文卡特桑（Ravi Venkatesan），微软印度公司首席执行官

遇到萨古鲁是我人生中意义最为深远的一件事——在经历重重探寻之后，我终于找到了一个可以带领我走向终极真理的人。虽然语言无法完全描述清楚遇到这样一个人的巨大意义，但是这本书可以让追寻者从他们的困境中摆脱，并展示了萨古鲁对于生命的通晓以及他激发人性喜悦潜能的能力，这本书的每一页都会让你产生共鸣——就好像它是你自己写的，同时也是为你而写的。

——［印］因杜·贾殷（Indu Jain），印度时代集团主席

目录

序一 / i

序二 / ix

致谢 / xv

前言 / xvii

第一章　追寻：一个美国人的故事 / 1

第二章　发现：遭遇萨古鲁 / 45

第三章　序幕：萨古鲁来了 / 73

第四章　第一夜：午夜密谈 / 109

第五章　第二夜：无尽喜悦 / 137

第六章　第三夜：瑜伽密意 / 175

第七章　第四夜：神秘家的世界 / 223

第八章　最后一夜：深入领悟 / 257

后记 / 303

中文版再版后记 / 310

序一

读过那本风行一时的畅销书《一辈子做女孩》的读者一定知道书中有一个叫作"来自得克萨斯的理查德"的家伙,书中引用了很多他讲的所谓的"至理名言"。该书作者是伊丽莎白·吉尔伯特(Elizabeth Gilbert,昵称丽兹),我给她起过一个绰号叫"食品铺子",而那个"来自得克萨斯的理查德"就是我。通过她的这本书,我出乎意料地受到了人们的一些关注。媒体称我是一个"与众不同的家伙,他给别人的忠告都是一针见血而又幽默好玩的俏皮话"。另一些人甚至认为我具有"智慧而奇特"的个性。美国著名脱口秀主持人奥普拉·温弗瑞(Oprah Winfrey)还邀请我这个"无比聪明的牛仔"做客她的节目,探讨丽兹这本不胫而走的畅销书。

你不知道的是,我是怎样从一个"瘾君子"和"酒鬼"蜕变成为一个"得克萨斯的瑜伽士",并且还能给

心灵午夜密谈

其他人提供一些所谓智者的忠告。不错,我自己从艰难困苦的社会大学中学到了不少东西,但是我从两位不同寻常的老师那里学到了更多:第一位老师丽兹不想公开其姓名(我也不想),第二位老师就是萨古鲁·加吉·瓦殊戴夫。

虽然我以擅长辞藻、好说俏皮话而著称,但是面对这位我有幸称之为我的上师的伟大生命,我却无法用言语来形容他。我以前从来没有碰到过像他这样的人,他是那种真正独一无二的人。他不是那种典型的东方悟道大师,虽然美国人习惯这样称呼来自东方的大师。他完全是非传统的,你无法给他归类,他喜欢开玩笑,经常穿牛仔裤和T恤,热爱投掷飞盘。同时,对那些热心求道的追寻者而言,他又是攀越顶峰、达成真理的化身——他能够让一切成为可能。

我是在2005年初次遇到萨古鲁的,那时我的一个好朋友邀请我参加"内在工程"课程,她自己因为参加这些课程而发生了很大的转变。说实话,她其实并不是邀请我,而是强迫我,她早已经给我买好了飞机票,还为我预付了旅馆和课程的费用,这样我就不能找借口说"不

序一

行，我很忙"之类的话了。因此，后来我就坐在那个旅馆的会议室里等萨古鲁进来，不一会儿他就走了进来，他走进来的一刹那仿佛带着什么能量，让我感到身上有如针刺。

他转过身面对我们，当我往他眼睛深处看的时候，顿时感到有点眩晕。他的眼睛好像一潭爱的水池，完全将我吸附了进去，我感到自己被某种力量包围着。以前我从来没有经验过这样的事情。当时我只是想："噢，这是什么狂野的玩意儿？"接着，他开口说话了。他的讲话完全打动了我，他讲的每一个词语都让我感同身受，我感觉自己全身每一个细胞都被触动了。简单地说，我被一阵旋风给卷走了。

在这个课程结束时，我跟萨古鲁讲了自己患有心脏病。你还记得丽兹在她的书里讲到过这件事情吗？她在书中讲到我做了一个心脏四重搭桥手术以及我为手术祈祷的事情。五年以后，我的心脏病又发作了。我每天像吃糖果一样吃着硝酸甘油（一种医治心绞痛的药物），以此来躲避无情的死神。医生告诉我，他们已经无能为力了，叫我先将后事料理好。

心灵午夜密谈

所以我问萨古鲁，看他是否能够帮我点什么。他说："是的，我能帮你。但是我这会儿没有时间，你得参加另一个特别课程，这样我就可以帮你。"当时一个念头闪过我的脑海：他真是一个出色的销售员。他让我参加另一个课程，并很快促成了这笔让我无法拒绝的交易。

这样我就来到印度参加下一个课程，场地设在他的修行营地的活力康复中心，该营地就在印度南部维灵吉瑞群山（Vellingiri Mountains）的山脚下。在课程中，萨古鲁为我量身定制了治疗方案（他为这个课程的所有参与者都设计了量身定制的方案），这个方案包括瑜伽修行、饮食改进以及印度传统草药疗法。仅仅一个月我就好像换了一个身体。我所有的症状都消失了。而那个窥觑我的死神，躲在墓地里再也不肯出来了。

至今，我已经跟很多人一起参加过萨古鲁的每一个高级课程。但是神奇的是，即便只是参加他的一个课程，他都可以为每一个修行者定制一套他称之为"瑜伽鸡尾酒"的修行方案，他以合适的比例为每个人调配瑜伽修行的不同侧重，这样每个人都可以因此实现自己的心愿。我自己就是一个例证。他传授给你的是一种内在的经验，

序一

这种经验是经过几千年流传下来的。但是对此我一窍不通，根本摸不着头脑。不过，这里的一切都在快车道上，没等你知道怎么回事，它就已经发生作用了。

我跟萨古鲁待在一起的日子完全转化了我。在这些日子里，我每天沐浴在他的能量场中，学习瑜伽"技术"，并遵照他教的方法修行。如今我的日子过得轻松自在、充满喜悦，日常的繁杂事务也不能干扰我内心的清净和安逸。萨古鲁是上天赐给我的一份礼物，我感到无比的幸运和感激。因此我把这份礼物也赠送给了我的两个儿子，他们现在也在修行壹沙瑜伽（Isha Yoga）。

现在我想将这份礼物也传递给你，这个不可思议的生命——萨古鲁——就在你面前，就在这本《心灵午夜密谈——通往自由与喜悦的生命旅程》书中。本书以娓娓道来的方式将萨古鲁展现在你面前，让你很快就融入其中，你不需要任何相关知识就可以领会其传达的精神。即便是在这方面颇为老练的读者也还是能够从中发现不少智慧的金块，获得修行上的领悟。

本书合著者谢丽尔·西蒙有机会邀请萨古鲁到她的

心灵午夜密谈

湖边别墅度过一周时间，真是无比幸运。在这一周中，每天从傍晚直到深夜的时间里，谢丽尔都跟萨古鲁坐在一起，跟他交谈。能够跟这样一个悟道的生命共度时光，那无疑是一段神奇而珍贵的人生体验。通过本书，我们邀请你也参与到这次神奇的旅程中，一起分享这份珍贵的人生体验。

你可以陪着谢丽尔经历这段旅程。你也可以成为其中一员，跟萨古鲁一起，坐在篝火边，坐在船上，或者盯着天上的星星，与他进行交谈，沉浸在他对人生的种种洞察之中。本书提供了一次不同寻常的机会，让你能够分享萨古鲁这个稀有生命的个人空间，并见证谢丽尔个人成长道路上的蜕变。

本书充满着平易而率真的人生箴言，一定会让你受用不尽。我知道你阅读这本书的时候，一定会被其中的真理打动，并感悟到生命的真相，它会推动你走上蜕变之旅，因为你会像我一样认识到，对于每一个愿意打开心胸，愿意从萨古鲁悟性宽广的生命那里接收无尽祝福的人而言，平静、满足、充满活力的生活就在眼前。

别错过这本书，别错过这个无比珍贵的机会。坐坐好，

序一

翘起双脚,放轻松,出发!——让悟道大师跟你直接交谈吧。

> 理查德·沃格特(Richard Vogt)
> 又名"来自得克萨斯的理查德",
> 《一辈子做女孩》中的一个人物

序二

作为一个独立编辑和作家,我非常幸运有机会结识一批优秀作者,跟他们在各类灵性主题的写作中合作。当我读到谢丽尔·西蒙讲述她与萨古鲁的故事的手稿时,一种跟手稿作者的亲近感油然而生。同时,对她写到的那个幽默、喜欢开快车、喜欢运动的悟道大师也产生了向往之心。

以前我读过一些讲述已经过世的悟道大师的书,其中有些跟西蒙的手稿给我的感受是类似的。不过,萨古鲁看上去要比那些典型的"山间隐士"有趣得多,他的幽默感和对生活的热情跃然纸上。西蒙为了找到真正的内心喜悦在灵性道路上不断探寻的故事,也跟我几十年来的求道历程如出一辙。我意识到,这本书讲述的是一次走进悟道深处的内心之旅。

心灵午夜密谈

引导我们进入萨古鲁的世界,西蒙是最好的向导,尤其对于那些跟悟道大师没有什么相处经验的西方人而言更是如此。西蒙向萨古鲁发问的都是一些人生的大问题,她强烈的好奇心和尖锐的思维触角能够帮助我们向灵性追求的纵深开拓。有些人面对萨古鲁这样一个充满活力的人可能会不敢问问题,但是西蒙心里十分清楚:有些问题折磨了她一辈子,而萨古鲁就是可以回答这些问题的那个人,她可不想让机会悄然溜走。虽然西蒙以前从来没有写过书,但是她对本书的主题有很深的感情,所以她的讲述平易近人,能够让读者身临其境,在她的笔下,一些抽象的思想都变得活泼而生动了。

西蒙最初对悟道大师是持怀疑态度的,随着她怀疑的消除,我们也逐渐确信萨古鲁确实是真家伙——他不仅自己沉浸在无限的空性之中,而且有办法帮助我们达到他的境界。

大约在读到这部手稿八个月之后,我也有机会参加了由萨古鲁团队里的一名老师带队的"内在工程"课程。虽然萨古鲁本人没有出现在现场,但是他的气息却弥漫在课程中,一些参加者发生了重大的内心转变。我还注意到，负责课程的很多志愿者都是跟从萨古鲁的瑜伽修行者，他们的眼睛里都闪动着一丝不易察觉的光彩。我从来没有碰到像他们那样友善而慈爱的人。他们平静而淡然，不会给你任何压力。

课程结束后，我感觉自己显然比较难以开化。我在课程中没有获得任何开悟的经验。我依然是那样顽固而分裂，不过，经过课程的洗礼，我决心从此将自己托付给灵性成长，不放弃瑜伽修行。我记得西蒙曾描述过她在灵修上的曲折心路，她说她经常疑惑为什么别人总是比她有更明显更强烈的修行体验，但她也提醒我们，"体验"不是修行的目标，修行的目标是转化我们自己。对包括我在内的有些人而言，或许要花更多的时间来消除对修行的抗拒之心。

在参加"内在工程"课程的两周之后，我又跑到萨古鲁在田纳西州的修行营地，参加由他本人带领的另一个课程。起初，我只是想在课程中放松自己，并没有期待自己会像别人一样发生什么强烈的体验。但是，仅在两天之后，我的生命发生了改变。在日记本里，我这样写道："我跟一个悟道大师一起度过了这个周末，他深深震撼了我的心灵，我的血液在他的震撼下化为一条条奔腾的河流。我屏住呼吸，一头扎进河流之中。我在钻心的痛苦中哭泣，直到我发现自己原来漂浮在水流之上，有一些小小的金鱼将我托起。在岸边，我那破碎的阴影一边哀号着，一边舞动它的一支钝剑。是离开的时间了，我起航远去，阴影在后面追赶着我，隔着一段距离，还在那里敲着锣鼓恐吓我。"

我很幸运能够在参加这个课程之前读到这本书。这样我可以怀着更为开放的心态参加这个课程，同时对课程中讨论的概念也事先有了理智上的了解。我也知道：虽然能够实际坐在悟道大师身边是一件美妙之事，但是真正能够改变你生活的却是那个方法本身。现在我一直按照课程中学到的方法修行，并且已经开始感受到西蒙在书中讲述到的好处：更健康、精力更充沛、更专注，还不时会体验到无法言表的内在喜悦。

长久以来，我们被告知自己应该活在当下，还被告知"一切都是幻觉"以及"天堂就在你内心"。理智上，我们或许都明白这些道理，但是对大多数人来说，最困难的就是怎样做到它，怎样从理智上的了解转变为亲身体验？感谢西蒙和她的这本书，让我能够在这条路上蹒

序二

跚起步，我想走得更远，不过即便像我今天这样，也已经比原来好多了。我珍惜内心获得的每一片安宁。

对那些已经参加过一个或多个萨古鲁课程的修行者而言，有些问题你或许以前从来都没有想到过，通过西蒙的书，你不仅可以发现在内心深处你也隐藏着同样的问题，而且这本书回答了这些问题。对其他像我一样从来没有听说过萨古鲁的人而言，当你阅读这本书的时候，你从来没有想到过的生命体验将会在你面前展开。这给了我们极大的希望和信心：我们可以不被限制在这个不停奔忙的轮回漩涡中，生命可以冲破种种局限，开悟是可能的。

心灵午夜密谈

这本书读一遍是不够的。它不仅是精辟的言论或语录，它更是一个追寻者和一个得道者之间的一场深度对话。每一次读它，你都会有更深的体会。萨古鲁的人生故事就在其中，在字里行间，你可以读到他的智慧，甚至体会到他的爱。

致合十礼

帕特·麦克纳尔蒂（Pat MacEnulty）[①]

[①] 帕特·麦克纳尔蒂拥有佛罗里达州立大学（Florida State University）创意写作的博士学位。在剧本和小说写作中，她曾获得多个奖项。她写过四本书，还写过不计其数的短篇小说、散文、诗歌和戏剧。帕特也为青少年写过几个戏剧，其中包括由豪雅出版社（Heuer Publications）出版的《爱情药水》（Puck and the Mushy Gushy Love Potion）。帕特现在正致力于写作她的另一部小说，还致力于将她的一本书改编成电影剧本。她同时还是教师、工作坊讲师、写作教练和独立编辑。

致谢

在此，谨对所有以各种方式促成本书的我的朋友和游伴（包括没有列出名字的所有人）表示衷心感谢：

萨古鲁，我不知道该怎样表达自己对他的深深谢意。他从很多方面改变和拓展了我的人生，今天依然对我产生着重要的影响，他给予我的这个生命礼物宝贵无比。

戴维·科克伦（David Cochran），我的生命与爱的共同创造者，他的耐心、支持和热情曾经帮助我跨越了很多困境和障碍。

我的儿子，可爱的他经常"牺牲业余时间"过来陪伴我。

斯瓦米·尼沙尔加（Swami Nisarga），一位修行弟子，在很多方面帮助我完成了本书。

心灵午夜密谈

拉斯蒂·费舍尔（Rusty Fischer）和贝丝·贝赛特（Beth Bassett），编辑，她们帮助我将一段难忘的经历写进本书。

帕特·麦克纳尔蒂，编辑，她对我的支持和帮助不可估量，现在她跟我一起走在灵性之路上。

我还要感谢西奥班·唐纳利（Siobhan Donnelly）、盖尔·伯恩斯（Gail Burns）、博比（Bobby）、斯瓦米·沙伊拉什（Swami Shailash）、迈克·斯诺德格拉斯（Mike Snodgrass）等人，他们的友谊以及对我热情的协助，对我来说都是弥足珍贵的。

金杰·普赖斯（Ginger Price）与新叶发行公司（New Leaf Distributing Company），他们提前策划了这本在我们手上的书，并为此提出了很有益的建议。

罗利·平斯基（Raleigh Pinskey），公关专家，我很高兴能与他合作。

鲍勃·弗里德曼（Bob Friedman）以及我们在汉普顿路出版社（Hampton Roads Publishing）的所有其他朋友。

前言

> 在你内心
> 有一种力量
> 赋予你生命
> 让你去追寻
> 那个真相
>
> ——鲁米※

经过许多年毫无成果的探寻,最终我遇到了悟道者萨古鲁(瑜伽士萨古鲁·加吉·瓦殊戴夫)。那个时候我已经放弃了探寻,并发誓:尽管自己没有悟道,但我也要尽全力活出生命的精彩。就在那时,萨古鲁走进并改变了我的生活。

※ 莫拉维·鲁米(Molavi Rumi,1207—1273),古波斯的伟大诗人。——译者注

心灵午夜密谈

在萨古鲁身上，很多人都发现他超越了我们原有的想象。他的生活趋于极致，热烈而尽情，在他身上人性和灵性兼收并蓄，和谐运作。尽管对于一个真正的悟道大师我有自己的想象，但是萨古鲁远远超越了我的想象。

在遇到萨古鲁之前，我在许多不同的灵性追寻道路上经历过各类老师。我参加过几十个静修营，读过很多关于哲学和灵修的书，拜访过世界各地的灵修圣地，其中包括印度、尼泊尔、巴西等地。但是，经过这么多年的尝试，我还是没有接近我想要寻找的答案。尽管我坚持不懈，愿望也很迫切，但是到头来我还是两手空空，一无所获。

这并不是说我尝试过的那些灵修道路毫无价值，只是它们不能让我就此满足。对于它们能否将我带到我想去的地方，我心存疑虑。所以，经过三十多年的探寻，留给我的只有失望和迷茫，我不知道接下来该怎么办。

更加让我困惑和失落的是，从"美国梦"的角度看，我似乎已经在人生中获得了成功。我创造了很多的物质财富，拥有丰富的人生阅历。我有一个很棒的家庭，有很多的朋友，生活中也不缺少爱的阳光。我还有自己的

前言

生意,以及很多的闲暇时间。我有一处地处山区的湖边别墅,如果我想去海滩,也随时可以去。我还有一个相处了二十六年的可爱而可敬的伴侣(经过了这么多年,我们看到对方的时候依然会满心欢喜),我和儿子的关系也十分亲密。你可以说我什么都不缺:很棒的男人、出色的儿子、可爱的小狗,还有美丽的家居环境。

但是不可否认,我仍然渴望着另一些东西:更宽广的悟性、更有深度的体验,总之,是那个我自己也讲不清的东西。我为此而痛苦。这种内心隐藏的不圆满人人都会有,但是每个人都以不同的方式加以逃避,有的人尝试转移自己的注意力,有的人则对自己做出一些破坏性的事情。他们酗酒、吸毒、寻找外遇,或者拼命工作,疯狂地锻炼身体。而我则想通过舒适的生活和保持忙碌来压抑自己内心的渴望。虽然我深深知道我所寻求的东西只能在自己的内心找到,但是我还是不断地设想:或许下一个人生的成功会给我带来真正的满足。对于成功的追求成了一系列无止境的目标,追赶一个又一个目标,最后终于让我厌倦。

我不仅感到厌倦,而且感到负疚。虽然我拥有了自

心灵午夜密谈

己想要的一切，但是却从来也没有感到完全的满足过，难道这就是人生的全部吗？

除了这些内心潜在的不安和不满之外，我的富裕生活也不是没有代价的：长期的压力、疲劳、甲状腺功能亢进、失眠，以及随之而来的药物治疗。

我开始问自己，为什么我在为自己创造了一个优裕的外部生活条件的同时，不能获得认识自己的智慧，也不能收获内心的平安和无条件的爱？我一直是一个积极的人，我也从来没有因为生活中的事情而去抱怨上帝。但是我怀疑在更深层次上掌控自己的人生和命运是否可能？一个普通人究竟能不能完全从无知和愚痴中解脱而达成开悟、真爱和自主？一个人是否能够得到内心永久的喜悦？

这本书讲述的就是我跟印度瑜伽大师萨古鲁相遇和相处的故事。在跟他一起探索生命、死亡和命运这样的人生课题时，我发现内心的蜕变不仅是可能的，而且它确确实实地发生在我身上。在碰到萨古鲁几年之后，我有机会邀请他到我的山区别墅，与我共度了一个星期。

前言

在这本书里,我将邀请你跟我一起与萨古鲁共度这段非凡的旅程。我对故事中相关人物的名字做了相应的改动,但是萨古鲁讲的话和他的神奇经历却是原封不动、完全真实的。不过,还是让我先简单地讲讲我个人的人生历程,这段不断追寻的人生历程最终让我找到了萨古鲁,更确切地说,是让萨古鲁找到了我。

第一章
追寻：一个美国人的故事

我攀爬高山

穿越田野

我奔跑，我爬行

翻越重重城墙

只想与你在一起

但是我还是没有发现

我一直追寻的

——博诺（U2乐队主唱），1987年

从我能够记事起，我就是一个追寻者。

那个时候我并不知道自己是一个追寻者。我认为自己仅仅是好奇而已。早在孩提时代，我就渴望知道那些生命中最重要问题的答案：我们来自何方？为什么会在这里？种子怎么会长成一棵树，而一棵树怎么会长出种子？空空的宇宙中怎么会有东西蹦出来？随着年龄增长，心中的疑惑更大了：我们死了之后会发生什么事情？是否有一个上帝或者造物主？我活着的根本意义是什么？我急切地想要揭开生命所有的秘密。

虽然宗教和科学也对这些问题做出了它们各自的解释，但是我从来没有满足于这些答案，那种想要知道真相的内心渴望也从来没有离开过我。

第一章　追寻：一个美国人的故事

我在马萨诸塞州的莱克星顿市长大，莱克星顿是一座美丽的历史名城，拥有华美的殖民地建筑，那里的住宅都坐落在路边宽阔迷人的绿色大草坪后面。这个富裕城镇里有很多家境富裕的孩子，学校教育水准也是数一数二的。我的父亲是一位成功的企业家和商人，我的母亲是家庭主妇。莱克星顿的学校教育在整个州里名列前茅，这也是我父亲将我们家搬迁到此地的重要原因。如果你不想将孩子送到私立寄宿制学校，那么莱克星顿是个好去处。这是一个风景如画的新英格兰式的城镇，美丽又安全，很多哈佛大学的教授、科学家、工程师和医生都生活在这里。

我第一次遭遇死亡是在我读一年级的时候（在搬到莱克星顿之前，那时我们住在马萨诸塞州的莫尔登市）。我记得那是一个气候温和、阳光灿烂的春天，经过了漫长的冬季，每个人都怀着新的希望，但是这一天欢快的心情很快就被打破了。校长走进我们的教室，沉痛地宣布我们班级里的一个女孩死了，她永远不会再回来了。那时我甚至不知道什么是死亡，我在想：她死了，那是什么意思？她去了哪里？她怎么会就这样被"吸"走了呢？她怎么可能永远离开我们了呢？这些问题让我寝食

心灵午夜密谈

难安。包括我认为无所不知的父母在内,没有人能够给我满意的答案。

作为一个孩子,我不能跑远,以便母亲能够随喊随到,偏偏那个死去女孩的家离我家很远,我记不起这件事情是怎样发生的,反正后来我还是想办法跑到了那个女孩的家里。那是一座新英格兰风格的传统两层楼住宅,我看到屋子前面一辆带篮子的蓝色女式自行车斜靠在墙上,不知道是不是她的。她的父母都在家,这令我很惊奇,因为我父亲白天从不在家。看到我,他们也吃了一惊,但还是欢迎我进去。说了几分钟话之后,他们让我看她的卧室。走进一个已经死去的人的房间,让我有一种奇怪的感觉。她的房间漆成白色,床罩是粉色的,配以粉白相间的褶边。我环顾四周,看到她的玩具、布娃娃、棋牌和毛绒动物玩偶都整齐地排列在书架上,还有一些毛绒动物玩偶和布娃娃则摆放在她的枕头边。她的衣橱拉开着,感觉似乎她刚刚才从里面把校服拿出来,还没有来得及关上橱门。

那个时候,面对她的父母,我询问了我能够想到的每一个问题。他们回答了其中一些问题,告诉我在他们

第一章　追寻：一个美国人的故事

女儿身上发生了什么事情。我不记得当时我问了其他哪些问题，他们又是如何反应的。我只是记得他们对我很友善，很喜欢我待在那里。但是这屋子总给人感觉缺少了一些重要的东西，就好像屋里有一个黑洞。当我想离开的时候，我感觉她的父母似乎想挽留我。他们不断地找借口让我留下，一会儿给我拿吃的东西、喝的东西，一会儿询问我是不是想看电视。我为他们感到伤心难过，但是天色已晚，如果我不回家的话，事情就闹大了。在那里，我并没有找到我想要的答案，只是内心感到无比的空洞、失落和难过。

第二次遭遇死亡是在我十岁的时候。那时候我的祖父死了。祖父跟我们住得很近，但是那时候作为一个小孩，我正处于喜欢玩耍的年纪，加上祖父总是差我做很多杂事，所以我经常偷偷溜过他家的房子，避免碰到他。后来他去世了。本来有那么多见面的机会都被我错过了，当时我非常难过。在十岁的时候，我已经知道，为自己做过的事情而难过或者为没有做过的事情而后悔是没有什么意义的，我不想在后悔难过中过日子。我年幼的心灵已经开始体会到人世的变化无常了。

心灵午夜密谈

这样的经验常常激起我强烈的好奇心。关于死亡,我有很多问题要问。虽然死亡不会让我感到恐惧和压抑,但是却始终让我内心惶惶不安。

随着年龄增长,我饥渴地阅读着所有跟死亡相关的书籍:哲学的、灵性的、宗教的,等等。想要找到生命的真正答案,而不仅只是像一个普通人那样过完一生,这样的内心渴求交织在一起,驱使我不断追寻。毫无疑问,生命不仅是出生、长大、工作、吃饭、睡觉、挣钱,然后死去。在书籍中,我发现有些人的生命的深度和强度远远超越于我们这些人。通过阅读耶稣、佛陀和孔子,我想要捕捉到他们想传达给我们的信息。但我并不仅满足于此,我还阅读了大量与科学解释不同的书籍,并对不同修道传统的大师们具有浓厚兴趣。我想要了解他们知道些什么,以及他们是怎么会知道的。我想要了解他们怎么会成为大师的,他们是否天生就跟我不同。

在我年轻的时候,无论是通过书本还是见面,接触到的那些仍然在世的传播真理的人都只是将自己听到的、读到的或者被教导的东西转达给我们,他们自己不具备这样的亲身经验。经过多年的苦苦追寻,我开始害怕自

第一章　追寻：一个美国人的故事

己可能到死也无法知道真理。而我又被认为是一个具备出色头脑的人，在学校里我是天才儿童培养计划中的一员，算得上是一个聪明人，但是却依然无法找到生命的答案，这让我几乎无地自容，倍感失望。

与此同时，我还隐藏着一丝希望：或许在我死的时候，能够得到答案。或许你得死去才能得到答案。但是我又想，不对啊，很可能在死的时候，还是不知道答案，这不是很糟糕吗？我一直处于迷惑之中，不知道为什么自己不能在活着的时候找到生命的真相。许多书中的大师似乎都找到了，然而他们早就不在人世。看来那些找到真相的人都早就死了，他们是不会起身跟我交谈的。

后来发生了一件奇怪的事情，当时我十五岁，因感冒而待在家里，忽然有一本书出现在我家门廊前面，上面附着一张便条写着"送给谢丽尔"。我从来没有到书店找过这本书，我甚至不知道有这样一本书的存在。但是，突然"噗"的一声，它出现在我眼前，神奇地放在我家门前的台阶上。我一直也不知道是谁把它放在那里的，但我很高兴有人做了这件好事。

心灵午夜密谈

这本书跟我读的任何书都不一样。它讲的是来自东方的瑜伽士和瑜伽之道，它讲到瑜伽怎样帮人实现自身的全部潜能。我觉得很新奇。以前我接触过哈他瑜伽，它就像那种伸展身体的体操运动，据说有助于保持身体的柔韧性。但是这本书不同，它讲的是一个来自印度的瑜伽士是怎样了悟得道的。除了像佛陀这样的"知者"之外，我当时还从来没有听说过这样的事情。

这本书就是印度悟道大师尤迦南达（Paramahansa Yogananda）写的《一个瑜伽士的自传》（*The Autobiography of a Yogi*）。我一直不知道自己追寻的东西究竟是什么，感谢尤迦南达，现在我知道它叫"了悟"。在这本书中，了悟（也被称为悟道）的意思是透过所有的幻觉去了解真正的自己。它似乎告诉我们这样的道理：人类对现实的认知是扭曲的，在这样的认知下，我们认为自己是孤立的，跟其他人或其他事物是相分离的，而事实上万物是一体的；人类因为这样的认知而遭受痛苦。爱因斯坦也说过一些类似的事情，他说，人类是整体宇宙的一个部分，受到时间和空间的局限。人们觉得自己以及自己的思想情感是跟宇宙的其他事物相分离的，这是意识的一种错觉。这个错觉将我们囚禁起来，将我们局限在自

第一章　追寻：一个美国人的故事

己的欲望之中，而只有身边的几个人才会受到我们关爱。我们的使命就是要从这样的囚牢中解脱……根据尤迦南达所说的，我们能够从这样的幻觉中走出来，从而以一种完全不同的方式了解和体悟生命。这种了解并不仅是理智上的了解，而且是一种切身体验，你可以在身上的每一个细胞中感觉到它。尤迦南达说了悟是自我感的消退，是将分离的自我转化为充满喜悦、疆域无边的整体，并从死亡中解脱出来。瞬间，我就知道这就是我一直在寻找的东西！

除了帮我厘清了我所追寻的目标之外，这本书也给了我希望，它让我知道像我这样的普通人也可以实现了悟。它让我相信我能够走出自己这个小小的分离的个体囚牢，而真正体验到囚牢之外的生命滋味。瑜伽是一趟终极之旅，让你从受限走向无限。我一定能够了解到自己一直想要了解的真相。当时我非常兴奋！

当然也有一个不利的情况。瑜伽只有在一个悟道大师的指引下才能奏效。在尤迦南达的笔下，一个悟道大师是你灵性上的导师，他实现了完全的解脱，不再受限于分离自我的幻觉；他超越一般见解，对生命有着更为

心灵午夜密谈

宽广的证悟。据说一个悟道大师能够驱散黑暗、清除障碍，帮助弟子走出无知，获得解脱。看来，如果我能够找到这样的一个灵性导师，事情就简单多了，但是我有点担心自己是否能够找到。

尤迦南达说得很清楚，对他来说，生命中最重要的事情就是他有幸找到了他的导师。当我继续读下去的时候，我更担心了。要建立这样的师徒关系恐怕不是我所能做得到的。尤迦南达的导师要求很严格。只有通过严格的自律才能获得自我了悟和内在喜悦。为什么是这样？我很困惑。自律跟自由有什么关系呢？

这样做根本不符合我的观念，此刻，我才知道，要想了悟，是一件很棘手的事。

我想要自由和喜悦，但是对于像我这样一个大胆无忌、随性不羁的十五岁女孩，我根本不想自我约束或者修炼，也不想别人来告诉我去做什么。另外，他们的师徒关系似乎是那种奉献型的，这让我浑身不舒服。我绝对不想给另一个人鞠躬，也不想膜拜在另一个人脚下。

第一章　追寻：一个美国人的故事

那时是 20 世纪 60 年代。我对智慧和圆满的探寻影响了我生活的方方面面。我十几岁的时候都是在五花八门的试验和探索中度过的。莱克星顿离哈佛大学只有二十分钟的车程，那个时候，蒂莫西·利里（Timothy Leary）和理查德·阿尔伯特（Richard Alpert）[1]是哈佛大学的教授，正在做迷幻药（LSD）[2]的应用实验。

没过多久，迷幻药就潜入了我那个被人认为是安全港湾的中学。我们中很多人都开始尝试迷幻药。我最要好的一个朋友巴里（Barry）有一个姐姐在哈佛大学读书，她给他弄了点迷幻药让他试试。他试了一下，非常喜欢那种感觉。

---

[1] 蒂莫西·利里和理查德·阿尔伯特，两人均曾为哈佛大学心理学教授，相信 LSD 具有作为精神成长工具的潜力，将 LSD 的使用扩展到了更广大的群众。后来他们被传统心理学术圈开除，并且在 20 世纪 60 年代的嬉皮士运动中成为反文化的精神导师。其中的理查德·阿尔伯特，后来到印度求道，并改名为拉姆·达斯（Ram Dass）。——译者注

[2] 迷幻药（LSD），又称致幻剂，无色无味，其有效剂量为微克水平，因此常以其他物质掺入赋形为各种片剂、胶囊。LSD 使用者的感受可以从感知增强到出现幻觉；时间、空间以及体像和界限认识也产生错乱，并且伴有联觉（如听到某种声音而产生看见某种颜色的感觉）。除引起幻觉外，还会导致恶心、心悸、血压升高、体温上升等身体变化，以及焦虑、判断力受损等其他精神状态变化。常作为毒品而被禁用。当 LSD 与反主流文化和嬉皮士运动的关系变得越来越密切时，于 1967 年被美国政府禁止。——译者注

心灵午夜密谈

虽然新闻里每晚都在播放人们吃了迷幻药之后发生的恐怖故事,但是巴里告诉我,这个东西可以将我带到一个"意识的新境界"。所以,我就跟着他一起"试验"。

在离我家不远的地方有一片宽阔的场地,我们中学的很多小孩常在那里举办派对。我们将汽车音响开得震天响,放的都是吉米·亨德里克斯(Jimi Hendrix)[1]、詹尼斯·乔普林(Janis Joplin)[2]和吉姆·莫里森(Jim Morrison)[3]的摇滚乐。这个地方真是"迷幻之旅"(acid trip)[4]的最佳去处。当迷幻药在我体内发作的时候,青草、天空、树木好像都变得更加生动,万物似乎都充斥着振动不止的宇宙能量。万事万物都是那样生动、好笑,它们都在飞扬、哭泣、垂死,一切都混杂在了一起。原本

---

[1] 吉米·亨德里克斯(Jimi Hendrix),美国歌手及词曲作者,革新摇滚、蓝调电吉他音乐,是20世纪60年代的著名偶像人物。1970年因服用过量迷幻药而死亡。

[2] 詹尼斯·乔普林(Janis Joplin),20世纪60年代的迷幻摇滚女杰,被称为"最伟大的白人摇滚女歌手"和"伟大的布鲁斯歌手"。1970年,詹尼斯因吸食过量海洛因而死亡。

[3] 吉姆·莫里森(Jim Morrison),诗人、艺术家、摇滚歌星。他的乐队"大门"(The Doors)是20世纪60年代最重要的乐队之一。因过量吸毒酗酒受到法律制裁。1971年7月3日在浴缸中死亡。

[4] "迷幻之旅"(acid trip),吃迷幻药后引起的幻觉或体验。——译者注

第一章　追寻：一个美国人的故事

的那个我仿佛突然无限地扩张，甚至爆炸开来，将全宇宙都囊括了。这简直不可思议。我想：多棒啊，这就是不需要自律的喜悦。我相信自己正在经历的就是尤迦南达在书中描写的东西，只不过我不需要做任何修行就经历到了。发现这个东西是多么幸运啊。这是一条捷径！

——直到有一天我们都崩溃了。

之前我一直感觉自己意识的某个部分始终在背后观察着我的生活。在"迷幻之旅"中，那个觉察的我仿佛变得更加真实，我仿佛找到了那个真正的我。但是，当药效褪去，这种体验也消失了。每一次，我和朋友都会进入这种意识扩张的幻觉，但是每次也都只能无奈地回到这个沉闷的现实世界。从这样的体验中我毫无所获，悟性、爱和扩张的意识都一丝不剩。剩下的只是更多的挫折感。这样的天人一体感，这样无限扩张的爱和喜悦，为什么我只能拥有短暂的一瞥？这种经历使我对了解真相的渴望变得更深入、更强烈了。

那个年代，那么多人都试图搞清楚生活的真正意义，因此当时发生的每一件事情都显得那么真实而强烈。仅

心灵午夜密谈

仅一分钟之间,我们就成了不可战胜的神仙,准备去改造世界!这是一段迷醉、动荡和鲁莽的岁月,充斥着年轻人的强烈渴望,想要与众不同,想要更好的生活。到处是和平与爱,还有狂热的音乐、舞蹈以及街上的抗议游行队伍!如此狂放,如此快乐,这么多人好像都觉醒了一样,每个人都勇往直前、永不回头。

但是与此同时,不断有人在我们身边死去。

当我们在游行中将雏菊插在士兵的步枪上捍卫和平的时候,电视上播放的却是装在棺材里归国的战士。我们第一时间看到越南战场上双方的伤亡状况,我们见证了那段历史的形成。我们无法不震惊。在美国,我们的朋友们因吸毒过量而不断死去,他们中有的是在吸毒中意外死去,有的是在吸毒后刻意离世。精力充沛的年轻生命就如同他们的驾驶速度一样,在汽车和摩托车事故中转眼间消逝,他们疯狂地飙车,认为自己永远不会被撞死。年轻的生命就这样可怕地被挥霍了。

巴里是一个聪明人,不管是什么东西,他都想去学习了解。他的父亲是哈佛大学的教授。在我认识的人中

第一章 追寻：一个美国人的故事

巴里是唯一一个喜欢阅读百科全书的家伙。他似乎对每一个科目都有兴趣。但是在他身上也有鲁莽的一面，我经常在想他将来到底会成为一个什么样的人。

有一次，巴里和另一个叫迈克（Mike）的朋友关于谁是学校里最聪明的人发生了争执。据称迈克是学校里智商分数最高的一个人。他们两人之间的智商分数只有一两分之差，在他们那个古怪的小团体里，这被认为是一桩大事，一定要分个高下才行。他们就来问我，叫我评评谁最聪明。我认识迈克也有好几年了，但巴里是我的男朋友，他洋洋自得地认为我一定会支持他。

我说的话让他大吃一惊，我说："迈克绝对要比你聪明。"

巴里简直不敢相信，他说："什么！你怎么能这样说？你是真正了解我的人。你知道我有多聪明。如果说有人会知道我很聪明，那就是你。"

"不错，"我回答说，"这就是为什么我认为迈克比你聪明的原因。迈克知道怎样成为一个他想成为的人，

心灵午夜密谈

但是据我所知，你只会落得体无完肤、玉石俱焚。"

虽然后来我跟巴里分手了，但是我们还是朋友，经常在电话里交谈，我读大学的时候，他还给我写信。但是最终我还是想跟他保持距离，因为我不想再跟毒品扯上任何关系。我知道如果我不改变自己的生活的话，我将会走向自我毁灭。

我不知道迈克后来怎样了，但是巴里在他二十五岁的时候因吸毒过量死掉了。在比他早几年的时候，他姐姐自杀身亡了。我听到他姐姐的死讯时，只感觉胃里一阵翻腾。我为她感到难过，也很担心她的死会给巴里带来什么样的影响。当巴里死的时候，我真希望如果当初我自己或者其他人能够帮帮他该多好啊！我曾经多么希望他能够将自己从吸毒的道路上拉出来啊！毒品在刚开始的时候似乎很令人过瘾，但是结局却是致命的。他们姐弟俩都是那么完美，那么有才华，但是他们年轻的生命就这样消逝了。失去两个孩子，他们的父母该是那么的悲痛，我为他们而难过心碎。我无法知道他们是怎样承受这样的悲剧和打击的。巴里死的时候，我已经是一个三岁孩子的母亲了，我不敢想象巴里的母亲是如何挨

第一章 追寻：一个美国人的故事

过这段丧子之痛的。

从小学里那个我并不怎么认识的小女孩，到后来我的朋友们，这些我青少年时期的死亡事件激发了我对生命真相的探索热情，我也懂得了死神终会将每一个我所钟爱的人和我自己统统带走，死亡这个人生巨大的问号始终盘旋在我脑海，让我无法停止对真相的探寻。

没有人真正能够指引我们这一代人。我们对现有权势社会里边的任何人都不信任，甚至任何人只要过了三十岁，我们就不再对他有信任感。我觉得如果能得到适当指引和帮助，我们这些年轻人的激情和能量就可以被建设性地运用，使自己和社会都发生深刻的转变，然而那时候我们的激情和能量都被无谓地耗费掉了。

就在读到《一个瑜伽士的自传》之前，我开始对禅坐产生了兴趣，这似乎是我那时候的放浪生活的一个组成部分。我没有把禅坐看成是自我约束，我把它看成是一种乐趣。十五岁的时候，我开始跟着一个叫玛吉（Margie）的灵修老师正式学习禅坐。玛吉经常在电台里做灵修类节目的访谈嘉宾，算得上是波士顿地区的一

心灵午夜密谈

个名人。我是通过我父亲认识玛吉的，当时我父亲的一个生意伙伴的妻子正在与玛吉一起教授禅坐和心灵修炼课程。

那时，玛吉四十五岁，她之前曾经是一个虔诚的天主教教徒。在我遇到她之前十年左右，她渐渐对教堂的那一套大失所望，并开始跟随许多不同修道传统的老师学习。她聪明、沉静，也非常风趣。虽说她年龄渐长，也富有智慧，但是看上去她还是有点像十几岁的女孩。她似乎颇有魔力，让每个跟她接触的人都感觉良好。她住在位于马萨诸塞州康科德市的一个两万多平方米的社区中，她的房子是一间可爱的黄色小屋，坐落在离主要建筑群有一段距离的一片树林中，原来是看门人住的。对我来说，这个地方非常迷人，好像有某种魔力，而在我心目中玛吉就像童话里的一个仙姑。她对身心灵培养之类的东西和东方的宗教也很感兴趣。跟她相处一段时间之后，你多少会觉察到她有些超自然能力。有时候我还没有在电话里告诉她我的想法或问题，她就已经知道了，她会提前回应我。这让我很惊奇。之前我认识的人里没有一个人能够像她那样，而且在认识她之前我根本不相信这样的事情。

第一章　追寻：一个美国人的故事

有一次，我和她打算去看芭蕾舞表演，但是一个从其他州过来的朋友突然来到我家里。他奔波了一天，只想让我有一个惊喜，而且他只打算在这里待一个晚上。我告诉他：很不巧，晚上我有安排了，如果我找不到玛吉取消安排的话，我就没办法陪他。

我给玛吉连续打了三个电话，第三个电话也没人接，刚放下听筒，我就跟他说我很抱歉，我只得去看芭蕾舞了。就在那时，电话响了起来，是玛吉打来的。她的第一句话是："抱歉，我刚才不在家里所以没有接到你的电话，我也不想去看芭蕾舞了。"这简直让我们惊呆了。这样的事情在她身上经常发生，过了一段时间，我们都见怪不怪了。

玛吉说生命是一个漫长的过程，而生而为人是一个很好的机会，可以去了解内在的自己。我对这个说法非常感兴趣，然而时间日久，我也只是想想而已。

玛吉这个神奇的老师不但教我很多修行上的事情，她还介绍我认识了我的第一任丈夫特德（Ted），那时我只有十七岁。

心灵午夜密谈

玛吉在当地的一个监狱里开了一个禅坐课程，特德恰好是她的一个学生。他因为过失杀人而坐牢。在他十六岁的时候，他跟一个男孩打架，结果那个男孩被打死了。玛吉非常喜欢特德。她跟我说他是怎样聪明怎样善良，然后要我去见他。

我想，她不是在开玩笑吧。我为什么要去见他？我最不想做的事情就是去跟一个囚犯见面，而且我也不喜欢玛吉想要撮合我们的企图，虽然她否认了这一点，但是她一直跟我谈到他，偶尔她还会带我去监狱。最终，我跟他还是见了面。

我们见面的时候特德十九岁，不久他就从监狱获得了假释。虽然之前特德被囚禁了起来，但是他在监狱里活得就像一个瑜伽士。他有自己独立的牢房，大部分时间都在阅读、禅坐、禁食、做瑜伽。那个时候他神采奕奕，非常英俊，而且除了玛吉他似乎是我认识的人里最有深度的一个人。他对灵性的渴求是如此强烈，跟我自己内心的渴望正好合拍。我认识的男孩中没有一个人对灵性感兴趣的。所以我们坠入了爱河，并且打算尽快住在一起。我们似乎终于找到了幸福。

第一章　追寻：一个美国人的故事

当他获得假释出来的时候，我们打算马上结婚。那时我十九岁，清楚地知道在别人眼里这肯定是一个愚蠢的决定，而且我也知道这样做的后果。但是我的灵性渴望是发自内心的，我觉得我义无反顾，必须这样做。我父亲为了保证我受到最好的教育，得到最好的人生机遇，将全家搬迁到了莱克星顿。虽然在这里跟我一起长大的女孩都在公开谈论金钱、成功、社会地位以及嫁个好人家，但是我自己从来没有往这方面想过。我对她们所讲的婚姻、隆重的婚礼之类的事情毫无兴趣，我只对爱有兴趣。我满怀热情，由衷地觉得我跟特德将在灵性的幸福中共度余生。

然而我的结婚决定在我和家里人之间造成了一道深深的鸿沟，尤其是父亲。我父亲无数次地无休无止地跟我讨论这件事情，他想让我明白我所做出的决定是一个巨大的错误。当他最后终于意识到无论他说什么都无法改变我的决定，也无论他做什么都不能影响我的行动的时候，他是如此绝望，他不但拒绝参加我的婚礼，而且不再跟我说话。他毅然决然地决定不再想跟我有任何联系。好长一段时间内，在他眼里我已经死了。

心灵午夜密谈

那对我来说是一种巨大的失落，因为我深爱着父亲，我知道他也无比宠爱我。我一直是他的星星和月亮，对我做的每一件事情他都倾情支持。他工作非常勤奋，经常早出晚归，但仍然对我关爱有加，他也知道我喜欢阅读各种各样非主流的读物，包括禅修和灵性方面的东西。也因此他将玛吉的禅坐班介绍给我。事实上，当我说我想参加这个班时，他同意了，而且他还跟我一起去参加。他不但介绍我认识了我的第一个灵性老师，而且还跟我分享他自己在这方面的经验。他不但不觉得这些事情有些离奇古怪，反而愿意花时间跟我一起探讨研究。

我希望，随着时间的推移父亲的态度能够有所转变，并且能够对特德有所了解（这一点他后来做到了）。我知道他只是想努力帮我，想让我过得好。虽然我明白他的心，但是我还是心情沉重，因为我最不想伤害的就是父亲。

从我的角度来看，我对特德的过往毫不在意，我只是关心那个我遇到时的特德。心灵成长对我来说比生活中任何其他的事情都要重要得多，我认为跟他的结合是心灵成长中的重要事情，我认为我们将共同走在这条道

第一章　追寻：一个美国人的故事

路上。我觉得我找到了我的灵魂伴侣。有那么一段时间，我一直坚信这一点。

但是世上没有不变的事。我们搬到了美国中西部，那里是特德的假释地和他父母住的地方。特德找了一个机械工的活儿。他每天的工作时间很长，我们住的那个城镇天气阴沉而寒冷。我远离朋友和原来的家庭，而且不喜欢我们住的地方，但是特德与我非常要好，我还是觉得挺幸福。一年以后我通过朋友为他在佛罗里达找了一份工作，特德将假释地迁到那里后，我们就搬到了阳光灿烂的佛罗里达。我一直向往着我们能在一个美丽而温暖的地方过日子，现在好了，我们搬到了这样的地方。

过去，在监狱那样严酷的环境下，特德为自己编织了一个精神的蚕茧，他每天花很多时间在其中修行。但是当他走出监狱，外界对他的干扰加上谋生的压力对他构成了新的挑战。他非常具有责任心，而且对自己有很强的约束能力，但是一天十二到十四个小时工作下来，他已经不可能像以前那样做禅坐、禁食或者瑜伽之类的修行了。随着他以前的平静被打破，他的幽默感没有了，

心灵午夜密谈

他的奕奕神采也消失了。

  特德有一副好嗓子，有出色的音乐才能。音乐似乎能够轻易地将他带入一个放松自然的状态，但是他没日没夜地工作，日子过得并不轻松。

  当初，我没有充分估计到的是四年牢狱生活给他带来的创伤。他需要时间来康复。我是展开的一本书，比较外向开放；特德则更为内向，所以我们常常发生争执。我们相互之间是如此不同，比我预计的差别还要大。在某种程度上很可能出于我对整个灵魂伴侣想法的迷信，我总是期望我们能够以这样的方式体验生活。但是我的作风让他不舒服，他的作风也让我感到郁闷。我们无法和谐相处，甚至连一起看场电影都会出问题。渐渐地，我们失去了相互之间的亲密感和快乐时光。我们只是成了另一对单调庸俗、相互争吵的夫妻。发生这样的事情令我感到伤心，但是我还是希望我们能够重归于好。就在不久之前还是如此美丽动人、令人痴迷的感情转眼之间烟消云散了。就像我在生活中经历的其他任何一件震撼心灵的事情一样，这次也是这样，很快地就消逝了。

第一章　追寻：一个美国人的故事

接着，在我二十二岁的时候，我生下了我的儿子克里斯（Chris）。特德和我一样非常欣喜。我们的心情又开始飞扬起来，幸福又回来了！有几个星期时间，我几乎没有睡觉。这真是一个奇迹，看来没有什么可以将我们击垮。这一段时间似乎掩盖了我们婚姻中存在的问题。一年以后，特德有机会从事他所喜爱的音乐方面的工作，我们因此搬到了亚特兰大。

在我们搬迁后不久，我们的婚姻就像一卷快进的磁带，突然卡住了。特德提出了离婚，这让我很伤心。我本应该可以预料到这样的结局，但是那个年代离婚的人并不多，所以这件事我来说，还是很突然，就像被人当头打了一棒。我惊呆了，根本没有想过有了婚姻和孩子之后我们还可以另做选择。我认为结婚是一辈子的事情，虽然婚姻出现问题，但是我们应该共同面对才对。现在看来，当时我们两人在婚姻中都不快乐，但是我当时一直相信我们能够重归于好。因此，那个时候我全心全意想的都是要做一个好母亲，而对婚姻的忧虑却被抛诸脑后了。

当时我并不知道我是一个不轻言放弃的人。今天，

心灵午夜密谈

我与一个生意合作伙伴（也是我的好朋友）已经维持了二十一年的关系了，跟我的律师相处了十八年，还有我的第二任丈夫（虽然我们没有正式结婚），我跟他的相处超过了二十五年时间。虽然不轻言放弃是一个不错的性格特点，但是总想着维持长久关系却不一定是一个好的决定。就像歌里唱的，有时候你得知道"什么时候该收场了"。

在接下来的几年时间里，我还是不愿意放手，我们在婚姻中挣扎着。彼此的感情已经不在，但是我还是想维持婚姻。但在特德看来，他感到自己早已经在监狱中错过了人生重要的阶段，现在他在这个婚姻中并不快乐，他说他不想再浪费他的人生了。

天哪！我从来没有想到我们的关系会走到这一步，怎么会这样？

从此之后，我对所谓的婚姻一直持怀疑态度，对"灵魂伴侣"以及"缘分注定"之类的幼稚说法也嗤之以鼻。这一次，生命的无常再次在我身上留下了印记。

第一章　追寻：一个美国人的故事

离婚将我的心撕成了碎片。我以前从来没有经历过这样的痛楚。生命中的其他困苦虽然也震动了我的心灵，但是这一次对我的打击要更沉重、更致命。它让我十分清楚地了解了万事万物最后是怎样终结的。即便你的婚姻现在看上去不错，但是它无法永恒。在后来的日子里，当再次找到爱的时候，我不再陶醉其中、夸大自己的感受，也不再给它加上一顶"灵魂伴侣"的帽子。万物无常，婚姻尤其如此。不论发生什么事情，好的坏的，终有一天，它会过去。

有什么事物是永不消逝的呢？在我们生命中发生的事情又有什么是长久不变的呢？爱是我们生命中最为宝贵的，但是它同样也会消逝。尤迦南达说过，你死过一千次才能获得解脱。不管这种解脱是什么，我都想去了解、去验证。

婚姻的失败严重地伤害了我的自尊心。整整一年时间我都没有将这件事告诉父母。当母亲打电话过来问到特德，我就装作没事一样，告诉她特德挺好。我跟特德维持着一种多少还算是朋友的关系。我了解他的状况还不错，所以我的话也不算是撒谎。

心灵午夜密谈

我并不急于将离婚的消息告诉父母。在我的家族中没有发生过离婚的事情,所以我的婚姻失败让我感到深深的羞耻,尤其是当初我那不听劝告的立场让我很尴尬。事实上,除了玛吉,我周围每一个跟我有关系的人,包括我所有的朋友,都反对这桩婚事。巴里甚至还想劝我放弃,他说事情并不会如我想象的那样,他还说特德会变成一个我不喜欢的人。在当时的我看来,离婚是人生最大的失败。

虽然只要我开口,父母可以马上帮助我脱离困境,但是我还是执意独自一人踏上下一个生命旅程。他们住在另一个州,我每周只跟他们通一次话。我永远都不想告诉他们自己正身处困境。那一段生活已经结束了,不论好坏,今后我都得依靠自己去面对我和儿子的生存问题。

我不仅失去了爱,我还失去了生活的安全感。虽然我为此遭受着痛苦,但是我并不想跟人说起这些事。我讨厌脆弱。在生活走上正轨之前,我不想谈论这件事。我希望自己是一个善于解决问题的人,通常我也不会多愁善感。尽管这一次我的内心备受煎熬,但我多少觉得多愁善感是一项弱点。当生活不顺的时候,抱怨是没有

第一章　追寻：一个美国人的故事

用的。你所能做的就是渡过难关，继续前进。虽然这一次我的生活陷入了很大的困难，但是我还是尽量把困难看成是暂时的曲折。

我变成了一个一无所有的单身母亲，几乎没有能力承受这样重的生活压力。我不但孤身一人，而且对怎样做一个好母亲和怎样挣钱养家都毫无概念，更何况我得同时面对这两件事情！这种时刻，唯一可以支撑我的就是我那要强的个性。

在我年少的时候，父母为我提供了一切所需，而当我环顾四周，发现甚至那些有钱人看上去也并不快乐，所以我认为钱并不重要，至少它被高估了。当时我并不知道自己这样想是多么的幼稚，多么的无知。当有人照料着你的生活所需，尤其是当他们对你的照料让你很舒服、很满意的时候，你很容易会认为钱并不重要。我现在仍然知道金钱和幸福是没有必然联系的，但是当连生活必需都成了问题的时候，那种痛苦是在我衣食无忧的时候没法想象的。只有当我身无分文的时候，我才知道钱是多么重要。我以前从来没经历过没有钱的惶恐，我也从来没有如此地担忧，然而没有钱却可以使生活陷

心灵午夜密谈

入瘫痪。

虽说特德也会支付孩子的抚养费,但那是杯水车薪,无济于事。光是我们母子俩的食宿问题就让我操碎了心。以前都是特德挣钱养家,我偶尔也出去工作,但是实际上我工作不工作都没有关系,那时主要是特德挑起了养家的重担。以前我没有考虑过自己的职业方向,也没有接受过任何训练,而且那时工作对我来说可有可无,我读大学也是半心半意,从来没有考虑过要考一个学位什么的。虽说我上了不少课程,足以挣够学分毕业,但是我不知道自己到底对什么专业感兴趣。我一开始读的是哲学,但是在我看来,哲学无法解决人生的大问题。后来我又对心理学感兴趣,但是心理学也不能满足我追寻答案的渴求。所以,我只是毫无方向地参加一些像东方宗教之类的课程。如今我不得不面对自己当初读书时半心半意的后果。当初我没有选定一个职业方向,现在我还能找到什么样的工作呢?我再一次发现自己并不像想象的那样聪明。我决心独立自主,但是又满怀焦虑。

很多时候我感觉自己的人生已经完蛋了。我只有二十五岁,但是这样的生活却让我越来越失望。

第一章　追寻：一个美国人的故事

而我的朋友们却正在经历种种有趣的事情。他们在周游世界，在空中跳伞，在热带潜水，在瑞士滑雪，在巴黎参加烹饪班，在欧洲、印度和埃及到处旅游……而我呢，一个人做着两份工作：一份工作工资低得可怜，另一份工作我非常讨厌。这还不算，我还一直生活在恐惧之中，害怕没有钱付账单，害怕孤独地老去。

渐渐地我陷入了抑郁症的无底洞。每天我心怀抑郁地醒来、睡去，而整个白天也是如此。我无法摆脱它。我就像被一团浓重的雾气裹住了一样，感到窒息难受。抑郁就像一个活着的生命体，为了维护它的生存将我的能量都吸走了，让我对未来不抱一点希望。我从来没有经历过这样的事，以前我都是一个开心的、爱开玩笑的人，但是那时快乐似乎跟我无缘了。

我花了整整一年时间才走出这段将我消耗殆尽的抑郁症时期，又重新快乐起来。曾经在抑郁的谷底跌得那样深，要爬出来是很困难的。但是一旦我走了出来，我就对自己的心态十分注意，我告诉自己永远不要让自己重回老路，不要让自己再次跌进像那样可怕的无底洞。我很清楚让自己快乐只有靠自己。我不需要别人来让我快乐；快乐只在

心灵午夜密谈

我内心，不在别的什么地方。从此我对自己的思想非常小心，时刻关注自己的思想是怎样在运转的，不让它着陆在负面的泥沼中。同时我也有一种强烈的感觉，那就是我永远都不想再结婚。我不再信任自己对男人的判断，也不再想要孩子。既然我一个人能够重新快乐起来，那么我就觉得没有必要再次陷入感情关系。

之后我找到的第一份工作是在我住的小区里做一个公寓出租经理。这份工作为我提供一套免费的公寓居住，但是收入都不够食物和汽油费的支出。由于我很擅长将公寓出租出去，所以老板开始不断地将我派到出租率不太好的房产那边，让我发挥一己之长。有一个熟人跟我说："谢丽尔，你这份工作做得很出色！我觉得你会在房地产行业大展宏图，挣不少钱。"

我喜欢想办法将公寓出租出去，这很有成就感。做我喜欢做的事情同时又能挣更多钱，这真的很不错。我仔细想了想，决心成为一个房产经纪人。

后来我找了一份鸡尾酒服务生的工作，这样我就可以在白天到一个房地产学校去上课了。我真心想多挣一

第一章　追寻：一个美国人的故事

点钱。我不想让自己老是为钱不够而担心。我当时唯一的想法就是取得房产经纪人证书，这样我好解决钱的问题，重新回到让我感觉舒服的生活方式中。然而，当我真的取得了那份证书的时候，我的情况却更糟了。我不再有固定的收入，当我做成了一笔交易，可能要花费几个星期或者几个月的时间才能最后完成手续并拿到钱。如果生活中有什么意外事件，比如轮胎爆掉了什么的，我就没有钱应付这类支出。有一次我得了重感冒，一个星期没有上班，结果我连电费都付不起，只能跟一个朋友借钱付账。从前我认为理所当然的事情，如今却让我疲于应付、陷入窘境，这是我未曾料想到的。

照料孩子也是一件令我相当头疼的事情，对此我也没有什么心理准备。我得挣钱养家，这意味着我不能经常陪伴他，虽然我们两个都不希望彼此分开。看到我离开他，克里斯经常冲我发脾气。他四岁的时候，有一次他用自己的小拳头猛敲桌子，喊叫着说："我到小伙伴家里，他的妈妈一直在家里！你呢，你到哪里去了?!"我是一个单身母亲，必须工作，但是我怎么跟他说他才能明白呢？

心灵午夜密谈

不过，在那些日子里我也碰到了一些好事情。我遇到了戴维（David）——我现在的丈夫（虽然我们没有正式结婚）。尽管我对爱这件事情已经不太相信，但是我还是再次陷入了爱河。到今天，这依然是我生命中发生的最棒的事情之一。爱情让我陶醉，整个人似乎都处在一种被祝福的状态中，那种感觉就像自己在跟整个世界谈恋爱。当然，最初的那种愉悦和兴奋感无论多么令人痴迷，最终还是会平复下来。他成了我十分钟爱的朋友和伴侣，这无疑是生活送给我的一份礼物，我很幸运，这么多年来我一直跟他在一起。

不久后，我放弃了服务生的工作，找了一份为新出版的《今日美国》（*USA Today*）送报纸的工作，这份工作更有利于我做房产经纪。我的任务是将报纸投递到镇上的每一个邮箱，收入也相当不错。早上当大部分人还在睡觉的时候，我在两个小时左右的时间里已经完成了自己的工作。我不得不在送报纸的路上带着克里斯，因为我得在早上四点开始送报纸。除了几次闹通宵的时候，我以前从来没有看到过这么早的早晨。闹通宵要比在早上四点起床容易得多，因为我最不愿意听到的就是闹钟响。

第一章　追寻：一个美国人的故事

有一天，我们出去送报纸，有一个开着一辆破旧车子的家伙尾随我们。我有点担心出事，心里在盘算怎么办：最近的警察局在哪里？哪里是人多的地方？克里斯在车辆的颠簸中也醒了。他看见了那辆破车和车上那个家伙，他回头看了一下，转身跟我说："如果有人想害我们，你会怎么做？"当时我心里跟他想的一样，也很紧张。还好我们还算幸运，后来路边一个年轻的警察过来帮了我们大忙。

虽然这一次没有发生什么事情，但是那种想要保护孩子的责任感以及伴随而来的所有担心都让我意识到做一个母亲意味着什么。

在我取得房地产经纪人证书之后不久，我就通知我在这三年里结识的所有朋友说：作为一个合格的经纪人，我想将来自己开一家房地产经纪公司。考虑到我自己还在生存线上挣扎，为了养活自己和孩子经常入不敷出，做出这样的声明实在是有点胆大包天。

就在我做出这样的声明不久，一个信贷员找到了我，并开始给我介绍他的一些建筑商客户。突然之间，我的

心灵午夜密谈

工作多到来不及做,一下子挣了很多钱。我喜欢这个工作,并在上面花了不少时间和精力。在我取得房地产经纪人证书之后的第三年,又有人介绍我认识了一些投资商,就这样我开始做起了自己的生意。

又过了大约两年之后,在我现在的一个生意伙伴的帮助下,我将最初的投资商的全部股份都买了下来。后来,我又进入了住宅建筑和地产开发行业。总体而言,我终于过上了富裕的生活;但是房地产行业有一个特点,就是它纯粹是市场驱动型的,做这个行业有点像在拉斯维加斯赌博一样充满着风险。你可以挣很多钱,但是一旦经济形势下滑或者做了一个错误的决策,你也可能损失一大笔钱。虽然我的生意许多年来一直不错,但是万事没有绝对的安全,所以在做生意的事情上我总是如履薄冰,内心始终处于紧张之中。

在忙于挣钱和发展事业的同时,我还关注着心灵的成长。心灵成长有两块内容,一块是有关商业和励志的个人成长领域,另一块就是灵性修行。实际上我现在对商业领域的成长更有感触。我认为自己作为一个商人的成长跟追寻灵性自由彼此是分不开的。商业是一块我可

第一章 追寻：一个美国人的故事

以在其中实践并验证结果的领域，它是个人内在精神的一种体现。甚至像托尼·罗宾斯（Tony Robbins）①和拿破仑·希尔（Napoleon Hill）②这样的商业书作者都会为我们指出在我们内心未曾被我们发现的领地，并指导我们迈向更为宽阔的人生境界。

我还尝试不同类型的瑜伽。我是从在尤迦南达基金会邮购的一套瑜伽课程开始练习瑜伽的（我在读完尤迦南达那本书不久之后就给他的基金会发邮件跟他们联系）。

多年来，在我参加各种各样的课程和静修营的时候，我发现很多活着的悟道老师。除了瑜伽，我还尝试过很多其他修行：超觉静坐、禅坐、观呼吸静坐和藏传佛教，等等。其中每一种修行方法都有它的成功故事，通过修行，总有一些人发生了很大的内心转变，或者达成了开悟。

---

① 托尼·罗宾斯（Tony Robbins）：当代最为著名的励志培训师和励志作家之一。——译者注
② 拿破仑·希尔（Napoleon Hill）：《思考致富》的作者，该书出版以来，广为流传，成为最为畅销的商业励志书之一。——译者注

心灵午夜密谈

　　一开始每一种修行方法都让我产生了某种兴趣，但是尽管多年来我一直走在各种不同的修行路上，但是它们都让我有所失望。不知出于什么原因，我不是特别喜欢那些修行，对它们是否真的对我有效果始终存有戒心。虽然发生过一些小的变化，但是对我来说，甚至我设想如果我将一生都奉献给其中一个或多个修行方法，似乎都不足以对我产生什么持续有效的影响。我绝对是一个结果导向的人，即便我花了很多时间做各种修行，我还是没有看到真正转化我内心的事情发生。这并不是说我尝试过的修行道路没有它自身的价值，但是它们似乎都不适合我。

　　我知道我的期望很高。我想要的是开悟。或许我的期望本身就有问题，但是我就是无法停止这种期望。毕竟，尤迦南达的书让我相信到达顶峰是有可能的，在登上顶峰之前我是不会停歇的。尤迦南达的书让人觉得瑜伽是一条通向开悟的、非常迅捷的直通道，因此我从来没有对瑜伽失去兴趣。

　　虽然我对自己进步缓慢颇为失望，但是各种各样的修行并不是一种浪费。感谢多年来的这许多灵性修行，

第一章　追寻：一个美国人的故事

我的确从中尝到了自由的某种滋味。我有相当稳定的情绪表现，大部分时间我都是积极乐观的。我学会了在自己的思想和行为之间创造更多的空间——也就是说在情绪生起和作出反应之间有一个停顿的空间，这是相当重要的，没有这样的空间，生活就变成了像坐过山车一样无法自主。

一路上我遇到过各种各样的有趣而美丽的人物。我招待过尊贵的佛学大师，他们的慈爱和证悟都是从内心真实地流露出来的。

这些佛教徒跟我们待在一起的时候，每天都在禅坐和念经，从白天到深夜几乎没有间歇。我经常在早上三四点钟醒来的时候，还听到他们在唱颂念经。

虽然他们的日常作息都严格遵守修行仪规来进行，但是他们并不是那种很严肃的人，平常也是笑声不断。他们住在我家里改变了家里的气氛，家里仿佛充满了能量。虽然我喜欢跟他们待在一起，他们的出现也让我的修行之路更加丰富多彩，但是我知道自己跟这条道路缺乏共鸣。

心灵午夜密谈

我还遇到过像斯瓦米·穆克塔南达（Swami Muktananda）师父和拉姆·达斯这样的老师。我曾经跟我大学里的几个朋友一起去见穆克塔南达师父。他神采奕奕，许多人都从他那里获得了某种启示，表现得不同寻常。但是，不知出于什么原因，我对此没有什么感觉，有时候还会感到厌烦。

尽管我对灵性成长有很深的渴望，但是我很讨厌人们失去理智的盲目崇拜。潜意识里，我对大师或上师这样的人物有很多负面的判断。人们去供奉大师，让别人来主宰自己，这在我看来真的是一件非常愚蠢的事。不仅如此，其实我的价值观中有一部分还是相当主流的。比起那些修行者，我跟商业人士和知识分子更合得来。我绝对不想卷入任何类似极为不正常的事情中去。

我还跟美国本土的灵修老师拉姆·达斯见过面，并参加了他的很多演讲会和静修营。拉姆·达斯对我来说很容易接近。他是一个知识分子，他说的话我比较能够听懂。在我跟拉姆·达斯早期的一次见面中，我遭遇了一次自己都无法解释的神秘体验（这个我会在后面再次讲到），我就问他是不是我的上师。我并非想找一位上

第一章　追寻：一个美国人的故事

师，但是我想或许我的上师自己会找到我。但是拉姆·达斯回答说不是，他不可能是我的上师。他曾经在印度他的上师尼姆·卡洛里·巴巴（Neem Karoli Baba）那里待过几年时间。他告诉我说，有时候当一个人具备了强烈的求道愿望的时候，大道就会自动地降临到他身上，不需要上师。我离开拉姆·达斯的时候感到有点失望。但是与此同时，我也对自己更有信心了，因为不管怎样，我觉得我的内心终将会指引我走向自由。

那段时间里，我还碰到了另一些据说是开悟了的人。他们确实看上去有一种从内在散发出来的与众不同的气质，他们自己也曾经跟那些据称是开悟了的大师待过一段时间。换句话说，就像拉姆·达斯一样，他们自己都有一个可以接近的上师。

所以，为了彻底改变生活的状态，为了真正地转化自己，我开始考虑找一位可以待在他身边的悟道大师——如果真的存在这样的一位大师的话。

虽然我觉得我的生活是快乐的，在某种程度上，也是完整的，但是在内心我始终有一种深深的不满和焦灼。

心灵午夜密谈

难道这就是生活的一切？我经常会这样问自己。

我知道我最想要的是什么，而我还没有得到它。像我这样的人也需要一位上师吗？难道我真的需要一位上师？

在理智上，我知道即便是在世俗意义上的成功，我也不算完全掌握其中的精神法则。经过这三十多年，这一点我自己心里已经非常清楚。

但是，具有讽刺意味的是，在商场上我从来没有为请专家帮忙指导或咨询而犹豫过。不过跟专家在一起，你是按照自己的准则在办事。而跟一位上师在一起，我不知道意味着什么；没准你会进入一个不按规则出牌的领地。首先，我是否能够找到一位真正的上师？其次，假如我无法做到上师要求做到的事情怎么办？

当时我还不明白的是，当你真正虔诚地寻求帮助的时候，你会自然地具备某种接纳的能力。你会变得愿意将自己的怀疑和担忧放在一边，而跳进那未知的世界。

后来，终于有一天我还是彻底臣服了，放下了自己

第一章　追寻：一个美国人的故事

的全部骄傲，请求上苍帮助。对于开口请求帮助我从来都羞于启齿，但是这是在经历了太多失望之后，我唯一能够做的事情了。为了找到所追寻的目标，我独自一个人挣扎了相当长的一段时间，最终我认定如果没有强有力的外力帮助，在我身上要发生真正深刻的转化是不可能的。而我找寻了这么多年，无论答案是否被我找到，死神都会将我带走，我意识到生命短暂，孤注一掷是我此刻唯一的选择了。

因此，我放下了一切。

这不是一件什么惊天动地的事。没有电闪雷鸣，也没有风雨交加，我只是谦卑地臣服和请求。但是在我内心似乎有什么东西被触动了。接着，一种我不熟悉的宁静降临到了我身上。虽然外在看不出有什么变化，但是某种内在的宁静却奇迹般弥漫在我内心深处。忽然之间，我感觉自己终于真正踏上了心灵的旅程。

没过几个月，一位既神秘又单纯的人物在我眼前现身了。

第二章
发现:遭遇萨古鲁

我的这一生就是要尽力帮助人们经验和表达他们内在的神性。愿你沐浴在自我的喜悦中。

——萨古鲁

不久前的某一天，一个来自印度南部的家伙到加拿大的温哥华北部乡村旅行，他看上去神情愉悦，兴致勃勃。车子没油了，他就把车子开到附近的一个加油站加油，这个加油站非常偏僻，在一个森林里面。下了车正要加油的时候，他注意到有一个美洲印第安老人背靠在一辆敞篷小卡车上，正盯着他看。两人相互并不认识，但是不一会儿，那个老人开始慢慢走向那个正在加油的家伙。

他走近后，对那个来自印度的家伙说："兄弟，森林里的风告诉我们你要来了。"然后，老人深深地向他鞠了一躬。

美洲印第安老人这句话神秘而富有诗意，不过对我

第二章　发现：遭遇萨古鲁

们这些认识萨古鲁的人来说很好理解。因为我们认识他之后，他马上就成了我们日常生活中的一部分，对我们每个人都影响深远；森林里的风歌唱着，将他到来的消息告诉那些愿意聆听的人，还有什么比这个更美的呢？

我是在我的朋友、萨古鲁的助手里拉（Leela）那里听到这个故事的，我听到的时候这个故事已经发生了有一段时间了。跟故事中的那个老人不同，我是在一个机场候机厅第一次听说萨古鲁的。

那一次，我去加州圣巴巴拉市参加一个静修营，当时正坐在凤凰城机场等待转机，看到有一个年轻人无视候机厅里嘈杂的环境，正在那里闭目静坐。我很少看到别人静坐，更不用说在候机厅里静坐，加上我自己又是去参加一个静修营，所以他马上吸引了我的注意力。很巧的是，在我从加州回来的时候，我又在一个机场看到了他，而且令我吃惊的是他就在我旁边坐了下来。我们立刻攀谈了起来。我问起了他坐禅的事情，他告诉我说他对坐禅的兴趣已经有好几年了，我就跟他谈起了自己刚刚参加的静修营的体会。听上去，似乎他的修行颇有成效，而我的却没有什么起色。

心灵午夜密谈

很不幸，我这一次闭关静修的收获不大。虽然整整一周时间我都处于静默的修行状态中，但是我一点也没有平静下来。相反，我感到比没有参加静修营之前还要烦恼。而当我意识到自己无力去领悟，也无力去消除自己多年来积聚的执着和恐惧时，我更加痛苦了。在整个过程中，我感到自己郁闷到几乎要窒息。心灵的平静对我来说似乎遥不可及。

我们相互交谈着，一会儿他就跟我提到了他的上师萨古鲁。他讲到的萨古鲁听上去挺有意思，也挺有魅力的。我在想我以前怎么从来没有听说过他呢。当这个年轻人引述了他的上师讲的几句话之后，我马上变得兴趣盎然，想更多地了解这个人。真正打动我的倒不是这个年轻人对萨古鲁的虔诚，而是他说他自从遇到萨古鲁之后感觉自己改变了很多。

他告诉我说："自从遇到萨古鲁并开始修行他传授的瑜伽之后，很多从童年起就一直纠缠着我的恐惧和执着已经慢慢被我放下了。"他接着还跟我讲，除了紧张和焦虑之外，从童年时代起他还受着惊恐症的折磨，同时长期的失眠也让他苦不堪言。光是跟他坐在一起，你

第二章　发现：遭遇萨古鲁

根本想象不到在他身上还会发生这些事情，他看上去是如此镇定自若，就像一个瑜伽和禅坐修行的活广告。我坐在那儿想，自己肯定还是不懂怎样修行，否则经过这么长时间的努力之后，怎么还是不见效果呢？当我把这个想法告诉他的时候，他告诉我，在遇到萨古鲁之前，他跟我有着一样的困惑，虽然他之前也花了好多年时间在修行上。

他修行的收效是那么显著，听到他这样讲我还真不习惯。没错，当一个人碰到一个老师、参加一个静修营，或者读到一本书，通常心态上会因此而发生一些变化。但是，他竟然说在遇到了萨古鲁并学会了萨古鲁教给他的瑜伽之后，他的生活就全然改观了。我不禁在想，眼前这个年轻人是否真的找到了一位真正的上师？看上去他好像真的有些不同寻常，他在我眼前确确实实是那么神情自若、态度平和，让我感觉一定有什么东西在他身上发生了作用。

但是我的戒备心不是那么轻易就能被打发走的。他对萨古鲁过于崇敬的心理不是我能够接受的。没有比过分的崇拜更让我讨厌的了。他接着还告诉我说萨古鲁在

心灵午夜密谈

全世界有一个超过五十万人的志愿者组织,光是听到这个就已经让我不太舒服了。我个人从来不喜欢团体和组织。除了一些专业性的团体,我对其他任何团体都避之而恐不及。我对所谓的"集体性修习心灵"更是非常厌恶,我甚至怀疑这是不是太不正常。

他还跟我提到,在萨古鲁身边很多人的能量状态都发生了转变,他甚至还说,听过萨古鲁的教导后,有的人能在连续好几天里十分喜悦,甚至处于陶醉状态。这实在是有点匪夷所思。在我这么多年的旅行生涯中,我看到过一些不同寻常的事情,但是从来没有碰到这样的事,所以我的戒备心让我立刻警觉起来了。根据我遇到过的人物以及我读过的一些书,我确实听到和读到过很多传奇的故事,说在所谓的大师周围人们的言行举止变得相当古怪出格。我在穆克塔南达师父那里也看到过人们怪异的表现。但是他说的这些事情远远超出了我的想象。我个人从来没有经历过这样的事情,所以我对它的真实性颇为怀疑。

此外,也确实有不少报道讲到一些来自东方的大师到西方传播真理,结果却令很多人失望。他们让"大师"

第二章　发现：遭遇萨古鲁

这个名称在美国这个国家蒙受了耻辱。在媒体上，我们都听说过，一些人把个人修行做成了一桩庞大的生意，另一些人则在教学中发生了各种各样的丑闻。

尽管我有些怀疑，但是我还是非常好奇，因为我刚参加了一个静修营却一无所获，所以我想知道更多情况。不过，我最后还是忍不住问了一个大胆的问题将自己的怀疑表露无遗，我问他："萨古鲁拥有多少辆豪华轿车？"

听到这个，年轻人目瞪口呆，无言以对，显得非常失望。这时我才感到自己有些鲁莽，一时两人都非常尴尬。但是他很快恢复了平静，并建议我自己去核实一下萨古鲁的情况。

从这次交谈中，我感觉到虽然萨古鲁不太像是已经悟道的人，但他肯定是一个很有魅力的人物。经过了多年长时间的探寻，我多少有些怀疑这世界上到底有没有开悟这回事。

正如前面讲过的，我刚刚参加完又一次毫无收获的静修营，这令我相当气馁。很显然，不论如何努力和坚持，

心灵午夜密谈

我总是接近不了我想达成的目标，这种状况越来越令我感到痛苦。我无奈地接受了这样一个事实：无论我怎样尝试，我就是无法转化自己，了悟人生。这让我放下自己的骄傲，祈求在我心灵的旅途中得到真正的帮助。我依然相信人性的潜能比目前我所能经历到的要更为宽广，但是对如何达成这种潜能我却毫无头绪。

我已经知道仅仅依靠自己是不会有什么进展的，我确实需要某种帮助，但是对于是否有人能够给予我那样的帮助我还是半信半疑。确实有很多被认为已经得道的人，但是我却无法识别或者不能适应，有时候他们确实有着某种与众不同的气质，但是他们却影响不了我和我的生活。所以，我这样不断地寻找，又是何苦呢？

不是有一首歌这样唱吗？"假如上帝就在我们中间，那又会怎样？"是呀，又会怎样呢？假如我迎面碰上他们，我也极有可能认不出来，或者即便认出来也不当回事，因为我觉得自己无法成为那样的人。我的心态已经到了绝望的边缘。但是在彻底绝望之前，我还想问一个问题：一个开悟的人已经接通了生命的另一个更深的层面，问题是他怎样才能帮助到我呢？

第二章　发现：遭遇萨古鲁

几个月过去了，我很少再想到关于萨古鲁的事情，但是我记得自己脑海中曾经闪过这样一个念头：如果他真的是我的上师，那他就会来找我。

或许，他真的来找我了。几个月后，当我在网上订购在亚特兰大当地的联合教堂举办的黛芙·普拉美（Deva Premal）音乐会门票的时候，我非常吃惊地看到萨古鲁的图像从网页上跳了出来。他将在联合教堂做一次讲座，教堂离我家只有十五分钟的路程，时间就在下一周。这激起了我的好奇心，我决定去看一看。

到达教堂后，我特意坐在靠近前排的边上，这样我既可以近距离观察，又可以不引人注目。但是就像命中注定似的，我坐下后，工作人员跑到主席台上把位置重新调整了一下，这样一来，萨古鲁坐的位置正好对着我，这样我距离萨古鲁更近了。

我是带着戒备心理来参加这个讲座的。我知道萨古鲁或许魅力十足，但是我同时又确信他不会对我有什么

心灵午夜密谈

影响。我已经不再像一个年轻人那样容易被一个人的个人魅力所倾倒。然而，当天晚上当萨古鲁走进教室，我马上感觉自己对他似乎很熟悉，他有一种跟我息息相通的气质，让我感觉自己冥冥中一直以来都认识他。震惊之余，我内心深处的某些顽固的东西也在那个时候如冰雪般消融了。

他看上去就像一位原始的上师那样，古老而又永远年轻，庄重而又光彩焕发，人们没法不注意到他那醒目的优美。他身穿一件纯白色的天然丝绸长袍，披着一条丝织披肩，戴着橘黄色的头巾帽，脚上穿着棕色的徒步旅行鞋。除了外表之美，他整个人身上所焕发出来的内在光辉也散播到了整个房间。他讲话直接而有力，锋芒毕露，但是他同时具有一种既微妙又柔和的内在力量，这令他锋芒毕露的讲话变得更为率真。他确实没有让我失望。

甚至在他开口前，我就模糊地感觉到，在他那里一定有我一直在寻找的某种东西。我的直觉告诉我，他可以将我带到我想去的地方。在见到萨古鲁之前，我也碰到过不少突破生命限制的人物，但是萨古鲁的出现让他

第二章　发现：遭遇萨古鲁

们显得微不足道。

萨古鲁的讲话口齿清晰、逻辑严谨而又妙趣横生。面对种种提问，他的答案如流水般自然地流淌而出。在讲话中，他从生活的世俗层面一直讲到生命的最深层面。他还讲到他设计的壹沙瑜伽，它是如何通过汲取多少世纪以来的瑜伽智慧综合而成，通过修行壹沙瑜伽，任何人都可以恢复活力，获得成长，达成完整的自己。

他讲到了自由以及我们大多数人如何成为外在环境的俘虏。他说："你不快乐的唯一原因是生活中发生的事情不像你所期望的那样发生。这涉及两个方面。要么你去修正生活以适应你的思想，要么你可以有意识地创造你自己需要的思想。只有当你的快乐和幸福不附属于任何他人或他物的时候，你才是自由的。否则，无论你被关在监狱里还是走在大街上，你依然是你自己的囚犯。"

他还讲到了紧张。他说很多人已经把紧张接受为一种生活方式，他们不知道他们可以不必在紧张中生活。

心灵午夜密谈

他说:"一个人是否紧张取决于他怎样做事。一个人很紧张是因为他没有管理好自己。每个人都认为自己的工作很紧张。你去问董事长或者总裁,你去问办公室的办事员,问他们是否工作紧张,他们都说自己工作十分紧张。没有人不紧张。但是事实上工作本身并不紧张。只有当你对整个运作体系没有控制好的时候你才会紧张。你的身体、头脑、人体分泌以及你的生命能量都没有往你期望的方向发展,它们都不听你的。如果你的身体、精神、机能以及能量都听你的调配,你还会有什么不愉快的吗?这样的话,每一个时刻对你来说都是喜悦而美好的。你的生活将完全不受种种外在条件的奴役。在同样的情况下,有些人很紧张,有些人则很愉悦。所以问题并不在工作本身。如果我们管理好自己,我们将越来越快乐;反之,我们将越来越不快乐。孩子们活在无尽的快乐之中,而大多数成人却越来越不快乐。"

那个晚上,萨古鲁清楚地讲述了很多似乎很容易被理解的道理,但是我却从来没有从他那样的角度审视过自己的生活。坐在他的面前,我感到就像有一股力量将我的脊柱拉直了,我整个人都受到了某种冲击。他的话语就像一把尖刀,插入了我思想的深处,那些老旧而

第二章　发现：遭遇萨古鲁

陈腐的思想观念多年来一直是我整个生活的基础，现在却摇摇欲坠了。随着他的话语，也随着自己对生活的每一个全新洞察，我想要更加深入了解的愿望被逐渐加强了。他讲话的逻辑严丝合缝、十分严密，当场就让我的思想观念发生了改变。但是，这不仅是逻辑的力量，我至今也不知道为什么我会那么快地相信萨古鲁，从他走进教室的那一刻起，我就不再有疑心，反而能够安然自在地坐在那里，内心充满感恩之情。与此同时，他只讲了几分钟，我的思绪就仿佛停止了，心里恍然大悟，我仿佛听到自己"噢"一声，心想：这就是我一直在寻找的。多少年以来，我一直在祈求自由，现在我似乎终于看到了曙光。在那个时刻，我突然意识到我一直在用自己的一套观念限制自己，也一直在那种自以为是的舒适中欺骗自己，他让我一下子打开了那个局限的自我。我遇到了一个能够让我明白什么是真正的自由的人，这种自由不是来自权威的标榜，也不是那种随口说说的自由，而是那种由里而外的真实自由。我也意识到如果我对自由的追求不是诚心诚意的，我就不应该待在这里。如果我是真诚的，那么他不是那种对你的种种束缚坐视不管的人。

心灵午夜密谈

我发现萨古鲁的讲话既随和自然，又单刀直入，他揭示真相的时候，简直让人无法面对自己。我一直没有安下心来，一直持续不断地在寻找着什么，我知道那是我心灵的渴求。尽管我听过很多不同类似老师的讲话，但是那些启发人心洞察生活的话语对我都没有什么长久的影响。与萨古鲁面对面却是如此截然不同的一件事情，这倒不是说他讲的事情都是你想听的，而是他的话语中总有某种跟真相的共鸣，就像手术刀一样一直切入你的内心深处。

总之我感觉我跟萨古鲁之间有一种跟与其他人不同的亲切感，比较而言，我以前的遭遇都显得非常苍白。虽然我羞于承认自己一直在寻找一位活着的悟道者，但是现在我终于知道我就是在找那样一个人，而他生机勃勃，就在眼前。

后来，当我一个人静下来的时候，萨古鲁在那个晚上说的有些话一直萦绕着我，挥之不去。他说过这样一句话让我久久回味："你对任何一个事物的任何一个见解可能都限制了你看清真正的自己。"是啊，我在自己所能发现的每一个地方寻找生命的真相，而实际上我却

第二章　发现：遭遇萨古鲁

一直执着于自己的见解想法，一直在限定自己。

在这场公开讲话之后，我了解到萨古鲁会在第二天晚上到一个人的家里跟大家有一个聚会，我也在受邀请的名单上。能够这么快地再次见到他，我感到十分兴奋。

我真不知道自己为什么会那么兴奋，但是后来我意识到，我是为自己第一次真正如此接近自由而兴奋。不再受欲望驱使，不再贪慕虚荣，从强迫性心理和行为中挣脱出来，从生与死中解脱出来，那是怎样的一种自由啊。此刻这种自由已然如此靠近，不再那么遥不可及，也不再仅仅是自己的臆想。那层我一直以来都披着的朦胧面纱终于从我的心上被掀掉了。经过这么多年迷迷糊糊的寻找，我已经基本放弃了找到心灵自由的希望；此刻我终于如释重负，了悟真相、获得自由的可能性确实存在着，而这种可能性就在我面前。

在我前去参加第二天晚上的聚会之前，我想我应该抓住跟萨古鲁相处的机会，问他几个折磨了我多年的问题。毕竟，你能够有多少次机会跟印度最负盛名的神秘大师在私人场合相处呢？

心灵午夜密谈

但是随着聚会的进行,我完全忘了我想问的问题。有人后来告诉我说这很正常,一旦你坐在萨古鲁边上,他的内在宁静就会深深地感染你,以至于你所有的问题都会忽然之间消失不见了。

然而,就像我之前猜测到的那样,这位上师不会允许任何人执着于错误的认识。多年来,我已经学会了如何不让别人解读我的内心。这在生意场上是一个有用的技巧,但是跟萨古鲁在一起,这一点也不管用。在聚会中,他忽然停下来跟我说话,他说我内心肯定有一个问题想问。

我很惊讶,反对说:"不,我没有。"

他仿佛看透了我的心思,说:"你确实有一个问题想问。"

我固执地说:"不,我没有问题想问!"这一次我加强了语气。

他也加强语气回答我说:"有什么问题你就说出来吧!"

第二章　发现：遭遇萨古鲁

当时与会者已经礼貌而含糊地向萨古鲁请教过各种各样的问题，包括一些伪灵性的或者说是世俗的问题，例如，如何修正他们的生活方向，如何获取财富，如何恢复健康，等等。我对诸如此类的问题没有兴趣。既然萨古鲁坚持让我提问，我就把积压在心里的问题提了出来。

"如果我能够用自己的头脑为自己创造美好的生活，来得到任何我所需要的，那么，为什么我不能通过头脑获得开悟呢？"经过一生的寻求，我认为我差不多应该开悟了，但是事实正相反，我却一无所获，两手空空。

萨古鲁几乎没有做任何停顿就回答我说："你可以运用你的头脑，但是为了更有效率，你必须清理你的头脑。你必须有一个像剃刀一样锋利的头脑才行。只有这样，它才能成为你转化的工具。有一种瑜伽叫作智慧瑜伽（Jnana yoga），就是通过运用智力来获得证悟的一种方法。对大多数人而言，这很困难。很少有人具备那样的才智。"

为了强调他的观点，他拿起一把插在蛋糕上的小刀说："举个例子说，你的头脑就像这把插进蛋糕的刀片。

当你取出刀片，有很多蛋糕沾在上面。同样地，你的头脑里也遗留着很多过去印象和经验的残余。所有这些过去的印象和经验就像沾在刀片上的蛋糕一样。"

我在想，别人总是跟我说我是多么的聪明，而我也很乐于相信这一点。但是这个比喻似乎在告诉我，我的头脑太迟钝了不足以成为证悟的有效工具。不管怎么说，这个比喻本身还是很有启发性的。

萨古鲁继续说："你现在还不能运用你的头脑去证悟到自由，因为你的头脑杂乱无章。你必须先要清理它，让它变得锋利无比，然后你才可以运用头脑去证悟。然后，不管你的头脑进入哪里，都没有东西黏附在上面。只有到了那个时候，头脑才可以作为一个真正可以运用的工具。

"瑜伽修行就是要将蛋糕从刀片上清除。但是最好不要仅仅使用头脑这个工具。你不仅有头脑。你还有其他很多东西，你还有一个身体，还有情感，还有能量。只单独运用其中一种工具，就像开着一辆只有一个轮子的汽车还想着要到达目的地。只有用四个轮子，你才能

第二章　发现：遭遇萨古鲁

更快地到达目的地。如果你只运用你自身的一个方面，你还是可以到达，但是你可能会不适应社会。如果你开着一辆只有一个轮子的汽车，在当今世界你不可能成为一个有效率的人。这样做最终不可避免地会导致你与世隔绝，过起隐居生活。为了获得证悟，这还是值得的，但是有多少人准备好了那样做呢？所以最好全面地运用所有这四个方面。我们教的瑜伽就涉及头脑、身体、情感、能量这四者的综合运用。壹沙瑜伽促使这四方面的力量往一个方向上运作。

"生命能量是人类最基本、最具威力的一个要素。我们多数人没有意识到，我们的身体、头脑和情感的运作方式是随着我们的能量的运作方式的改变而改变的。因此，如果我们促使最为根本的能量层面往一个方向运作，那么我们就能启动其他三个层面也同样往那个方向运作。

"每个人的能量、头脑、情感和身体的运作方式是各不相同的。上师就是一个能够了解每一个人的需求的人。为什么我们那么重视上师，就是因为他可以为每个人调配不同的运作模式。为什么壹沙瑜伽可以如此有效地在每个人身上起作用，就是因为它运用你身上的每一

心灵午夜密谈

个层面来帮助你成长,而不是仅仅运用你的头脑。"

———————·|·✳·|·————————

聚会结束后,我赶上了正从房间走出去的萨古鲁,问他:"萨古鲁,你怎么知道我有一个问题?"

"它都写在你脸上了。"他回答道。对于我这张不苟言笑的"扑克脸"来说,这个回答让我有点摸不着头脑。

我正琢磨我心里的问题怎么会在脸上看起来那么明显的时候,萨古鲁耐心地回答说:"像这样的问题威力很大。一个没有获得解答的问题可以折磨死一个人。在这个世界上,多数人都没有真正的问题。他们的问题通常只具有娱乐价值。他们问问题是为了取乐,或者为了满足好奇心。这使他们觉得自己善于思考,这就是他们为什么要问问题的原因。

"然而,当你有一个真诚的问题的时候,在它得到解决之前,它始终会让你坐立不安。你无法忘记它。即便你把它隐藏得很深,它还是会让你内心不安,甚至因

第二章 发现：遭遇萨古鲁

此得病。如果你把它隐藏得太深太久，那么你将会发现自己全身的每一个细胞仿佛都在倾诉这个问题。"

"你知道吗，我所关心的就是这样的问题。"他微笑着说道。

随着我们交谈的深入，他对我做了一些评价。我发现他对我的个人习性有着惊人的洞察力，要知道我们只是在前一天晚上才初次见面。尽管我羞于承认，但是他的评价深入而精确，让我无话可说。在我们谈到的很多事情中，他还提到了我正在"懒惰和自满"中浪费生命，他认为这是一种危险的状况。

我自己知道这是事实。我只是做着一些让我感到方便的事情，从来不去挑战自己。我期待一种不用付出努力的幸福，我喜欢享受舒适的生活方式。

接着他叫我在下个月也就是八月到印度参加他传授的一个课程。这让我很为难，因为我不可能参加。我几乎能够感觉到连我自己的身体都在抗拒这个提议。尽管我很想尽早参加一个他开设的静修班，但是对于去印度

心灵午夜密谈

这件事我的大脑一时还回不过神来。我对这样一次重大的旅行没有一点心理准备。我还有严重的健康问题。尽管我还可以勉强打起精神每天工作三四个小时,但是之后,我就几乎没有力气哪怕穿过一个房间,我走路的时候身上就像背着一包砖头。除了这些,我还有甲状腺功能亢进和低至75/35毫米汞柱的低血压,穿过一个房间就足以让我头晕目眩,我还被告知有突发心脏病的危险。虽然我很少谈起这些事情,但是我的健康状况确实相当糟糕。十年前我去过一次印度,当时我健康状况还非常好,但是在那段时间里我就像一块磁铁一样把病菌都吸到了自己身上,因此得了一场重病。所以,虽然有好几年时间我一直跟这个瑜伽之乡有着某种遥远的联系,但是我还是决定永远不再回到印度。除此之外,我估计八月的印度会特别炎热。

我将自己以前在印度的经历以及我弱不禁风的身体情况告诉了萨古鲁。他沉默了一分钟,然后说我这次去不会有事的。

但是我内心还在抗拒着。即便我想去,对是否能够应付这次长途旅行,我还是有太多担心和恐惧。我决定

第二章　发现：遭遇萨古鲁

等他下次到美国的时候再参加他开设的瑜伽课程。然而，不知道怎么回事，这个决定并不能让我安下心来。

我一直在真诚地寻求帮助，而当帮助出现的时候，我做的第一件事情却是拒绝。我感觉到自己就像还没有跨进门槛就被判定为不合格。第一件事情我都做不到，那么第二件事情呢？第二次机会对我来说还存在吗？如果我对某件事情感兴趣，我通常都会全力以赴。这次我找到了想要的东西，但是我却退缩了。我很担心，即便我找到了自己一直在寻找的灵修指引，我找到的时候会不会太晚了？或许，就我目前的年龄和身体状况，我甚至连基本的必要的事情都无法做到，我还怎么去参加他的课程呢？更不用说在修行中转变自己了。

当时我并不了解萨古鲁的话其实是值得信赖的。他看上去一副任何事情都不会干扰到他的样子，尤其对炎热和旅行，他显得毫不在乎。所以我猜想他并不真正清楚，在一个炎热的夏季一路奔波到印度对我而言是那么艰难的一件事情。

虽然我最初谢绝了这次印度之行的邀请，但是我还

心灵午夜密谈

是想从萨古鲁那里尽快多了解一些情况,多学点东西。在由萨古鲁设计的壹沙瑜伽中,有一个基本课程叫作"内在工程",它提供一种结构精巧的技术帮助人们奠定最好的身体、精神和情感基础,为修行者进入更深层次的灵性意识做好准备。在西方国家,人们可以接触到各种各样的瑜伽练习,哈他瑜伽(Hatha Yoga)就是其中之一。而在壹沙瑜伽中,身体姿势的教学是为接通更高层次而做的准备。这些瑜伽的体位和姿势是专门设计的,能让你静坐的时候比较舒适安定,也是为了净化你的身体,从而使身体对人的其他更高层面更为敏感和具有接受性。萨古鲁的瑜伽中心设立在印度,但是他的课程在全世界都有开设。在壹沙瑜伽中,有一些经过高阶训练的指导老师,他们都在萨古鲁的亲自监护下受过许多年的严格训练。在某种程度上说,这些训练让他们学会了将一己的考虑放在一边,从而以萨古鲁的能量通道的形式指导学生。我已经听到许多人都证明说,这些指导老师上的课程效果跟萨古鲁的一样好,虽然课程上萨古鲁不在现场,但参加的人都体会到他仿佛就在现场。

我决定要参加萨古鲁的下一个在美国开设的课程,不管他在什么城市开课。没过多久,六个月之后他就在

第二章　发现：遭遇萨古鲁

非常靠近我住的亚特兰大附近开设了一个课程，我不用长途旅行就可以参加。这样我就在美国参加了他的两个课程，他依然是那样富有洞见，令人难忘，并且开启了我的心灵之门。事实上，就在第二年的二月我就一路旅行到印度，参加了只在那里开设的高阶课程。就像萨古鲁跟我保证的那样，我的健康状况良好。我在印度待了九个星期，甚至还跟萨古鲁和一帮修行者一起在喜马拉雅山开展了一次徒步旅行（就我一年以前的身体状况而言这是根本无法想象的事情）。就这样我在那里待了两个多月，之后我至少每年去一次印度。

当我开始做壹沙瑜伽的时候，我每天要吃四种处方药。听上去很多，但是我觉得就我那到处是病的身体状况，四种药还算少的呢。我得的甲状腺功能亢进是不可治愈的弥漫性毒性甲状腺肿。我还有很多其他系统性疾病。我患有慢性疲劳综合征、皮肤过敏症，胃部经常恶心作呕，还有深度的身体疼痛以及慢性失眠症。我的健康状况是如此糟糕，以至于我经常为此手足无措。几年来我的身体系统已经日渐紊乱。坦率地说，我已经是个半死人了。我得花很大的力气才能在心理上适应这个身体。

心灵午夜密谈

当我去参加萨古鲁的课程时，大多数人都乐在其中，唯有我苦不堪言，因为我身体上有那么多的疼痛，光是坐着就已经十分困难了。因此，在一开始我根本没有机会从这样的修行中获得精神层面的收获。我担心这种修行对我这样的人怕是起不到什么效果。

在其他人身上发生的高峰体验没有在我身上发生，这让我极度失望，但是我还是坚持修炼。就像我前面说的，我经常对自己不加管束，极为懒散，但是这次我不得不强压自己的抱怨，因为我知道除了这个再没有其他什么能够转化我了。对萨古鲁来说，该课程对参加者必定有着非常明显的效应，否则他不会把时间浪费在这些课程上。这是一套独特的修行系统，它能够平衡和强化一个人的身体、头脑、情感和能量，其中包含了一些强有力的呼吸技巧和禅坐修行。即便在我这样不佳的身体状况下，它也是可行的。我得承认，早上的修行给我带来一种可以持续一整天的宁静和喜悦，所以我不想为任何其他事情而错过了修行。我坚持了一天又一天，最终，在我身上确实发生了很大的变化。

在那三个月里，大部分药品我已经放弃服用了。当

第二章　发现：遭遇萨古鲁

我的医生给我测量血压的时候，平时他话语不多，这次却连连重复感叹："太神奇了！太神奇了！太神奇了！"

我一点也没有夸张。他就是这样连说了三遍，还说他从来没有看见过像我这样的甲状腺功能亢进患者能够这样快地恢复健康。我想对我神奇的康复他是发自内心地感到惊讶。我以前还倍受皮肤过敏症和其他很多症状的困扰，但是现在，它们也离我而去了。

除了重获健康之外，我还体验到了萨古鲁在第一堂课上承诺的其他很多效应。我以前是一个严重的忧虑者，不断地为我想象中可能会发生的最坏的事情而担心，从这样一种不断忧虑的状态中走出来实在是一种解脱，现在的我感觉相当轻松自在。最近我跟我父亲有过一次交谈，后来他跟我说："没有什么能真正困扰你，对吗？"

"是的，没什么可以困扰我，至少我不像以前那样忧虑了。"我这样回答他。

"我希望自己可以像你一样。"他这样说。

心灵午夜密谈

多年来我从我父亲那里习得了一种容易忧虑的习惯。这种习惯就是一种惯性，它不断地寻找可以让自己忧虑的事情，一件接着一件。现在，大部分时间我都处于一种深深的持续的喜悦感中，虽然我的头脑依旧比我设想的要更活跃，但是我不再逗留在那些令我忧虑的事情上了，而是尽我所能去改变一些事情。如果出现什么问题，我只是想方设法去解决它。我不想浪费当下这个时刻。虽然具有挑战性的情况还是会出现，但是我不会再为此失眠。萨古鲁曾经说过，心灵的平静只是一个起点，而不是终点。这句话说到我心里去了，因为虽然我的身体状况有了很多好转，我的心灵也逐渐平静下来，但是我找到萨古鲁不单是为了这个。

第三章
序幕：萨古鲁来了

> 我想让你掌握另一种科学，一种内在世界的科学，它能够让你获得心灵的解放，赋予你真正的力量，通过它，你可以成为自己命运的主人。
>
> ——萨古鲁

八月的一个阳光灿烂的下午,我驱车前往亚特兰大机场,在那里等候萨古鲁的到来。我在北卡罗来纳州山区拥有一幢湖边别墅,这次我将在那里招待他。自从认识萨古鲁以来,这是我第一次可以跟他有很多私下的接触。我感到心花怒放,十分开心,但是作为主人,究竟该如何接待他的问题又让我忧心忡忡。不管你做了多少准备,跟他在一起,很多事情都是不可预料的,准备也没用。

自从我在亚特兰大遇到萨古鲁,到现在已经有三年时间了。在过去几年时间里,当我在萨古鲁身边的时候,有过几段令我怀念的美好时光。但是我发现每次去见他多少还是有些忐忑不安。不过这种情绪很快就会过去,因为只要我跟他在一起,我就会完全沉浸在那种特殊的氛围里。许多次我都发现自己沉入了他深深的宁静之中。

第三章　序幕：萨古鲁来了

但是还有一些时候，我又很好奇，想抓住每一个提问的机会以便解开我心中的疑惑，而我的问题又似乎是无穷无尽的。

这次，萨古鲁和他的助手里拉将到我的湖边别墅住上一整个星期。去年萨古鲁到这里住过一个晚上，所以他对这里有所了解。我知道他很喜欢这里。那次之后，我就一直邀请他再来做客。结果很巧，这段时间他正想从事务中隐退出来，闭关修行一段时间。这个湖边别墅除了僻静没有其他好处，所以很适合静修。

里拉跟随萨古鲁差不多有十五年了。她接受过工程师方面的专业教育，本来对于她来说她有许多生活方向可以选择，但她选择了做一名壹沙瑜伽的全职志愿者。她负责协调萨古鲁在美国的日常事务。尽管她事务繁杂，但她却是我所遇到过的最为沉着冷静的人之一。她头脑机敏，颇有幽默感，说话常常语出惊人而又一语中的。

能够跟萨古鲁他们分享湖边别墅让我很开心，我相信这会是一次不同寻常的经历。萨古鲁照片上沉静自信的神情给人一种温和优雅、超尘出世的印象，但是生活

心灵午夜密谈

中的他并非全然如此，在生活中，他几乎可以说是一座活火山：生机盎然、充满力量、神秘莫测，其内在的能量随时都可能喷发出来。当我和他在一起的时候，永远不知道下一秒会发生什么。所以，对如何安排这美妙的一周，我一点头绪也没有。他没有安排任何特别的日程，我只知道他希望大部分时间一个人安静地独处。

无论如何，我还是希望把事情准备得周全一些。我万事追求完美，所以不仅提前请教里拉，还写电子邮件到萨古鲁在印度的修行中心，请他们提些建议。但是这两个请求得到了一个同样没有实际内容的回应：简单一些、舒适一点就行了。我本来想知道一些细节，好做好充分的准备（比如采购杂货之类），但是现在只能随它去了。无论多么努力，在他身边，你永远没有办法做好充足的准备，因为事情总是在变。

那天下午当我到达机场指定的候机区时，看到一大群不同年龄与文化背景的人群已经等在那里，满怀热情地准备迎接萨古鲁的到来。空气中弥漫着大家兴奋的交谈声，每个人的兴奋之情溢于言表，这引起了旁人的驻足观望，连一向镇定自若的机场保安人员也在侧目而视。

第三章 序幕：萨古鲁来了

男女老少这么多人闪亮的眼神和高涨的热情创造了热烈的期盼氛围，那种滚烫而浓烈的情绪似乎让我们成了一股巨大能量的导体。在我看来，在这种热烈情绪的背后是我们对真知的一种向往，萨古鲁的出现将令这种超越一切束缚的真知在每个人心中更加鲜活而真切。

站在那里，我想，如果是在遇到萨古鲁之前，机场的这一幕场景肯定会让我浑身不自在，马上会在心里频频亮出红色警告。我会觉得这些人太过崇拜一个人，我无法不排斥他们那种过分的仰慕。我心中那多疑的雷达警报一定会大声作响，告诫自己要小心。但是此刻我站在那里欢欣鼓舞，被兴奋的人群所感染。这证明我已经跨过了多重内心的障碍，坚信萨古鲁是真正的上师，也表明我非常珍视萨古鲁以及跟他相处的机会。

我驻留在人群的边缘，沉浸在那样的氛围里。许多人为他们的上师带来了各种各样的礼物。有几个人拿着花篮准备献给他，还有一个人拿着自己画的画，另一些人则拿着萨古鲁喜欢的一些东西：一罐辣泡菜，一大包手工制作的香皂，甚至还有一个飞盘，这可是这个运动型的上师一有空就喜欢玩的东西。

心灵午夜密谈

萨古鲁坐的班机在下午四点三十分到达，人们各自站好位置准备迎接他。飞机准时着陆了，不一会儿，乘客鱼贯而出。没过多久，我们就看到萨古鲁步履平缓地走了过来，显得镇定自若而又神采奕奕，跟周围行色匆匆的人群形成了鲜明的对照。就像以往一样，我的内心又一次受到了触动。他的样子是那样超乎寻常，显得既古老又年轻：一片垂到胸前的灰白胡须，一副经典的飞行员式的墨镜，以及磨旧的牛仔裤。事实上，我跟他属于同一代人，都是听着披头士和滚石乐队的歌曲长大的。

他丝毫不受周围匆忙人流的影响，带着微笑走向迎接他的人群，向每一个人致意问候，时而报以微笑点头，时而来一个拥抱，时而说几句俏皮话。长途旅行并没有麻木他异想天开的幽默神经，有人问他："萨古鲁，你这次飞行还好吗？"他答道："喔，他们不让我飞行，我只能坐着。"

虽然他一路赶来要花费三十六个小时，并且还得继续赶不少路才能安顿下来，但是他依然显得不慌不忙，镇定而诚挚地跟前来迎接他的人们交流互动着，全神贯

第三章 序幕：萨古鲁来了

注地回答他们的一些问题，同时还不时跟壹沙瑜伽的志愿者们交代一些相关的事宜。

我已经不止一次看到萨古鲁在公众场合跟人们交流互动，他从来不会为了自己的事情而推托他人的请求。当人们围着他请求指引和建议的时候，他常常会忘记自己的饮食起居的需要，耐心地照应着每一个排队等候跟他交谈的人，即使是在自己没吃没睡还要连续工作数个小时的情况下也是如此。人们问的每一个问题，即使是那些琐碎的问题，都会得到他详尽的回答，他的回答常常显示出超越问题本身的深度。不少人告诉我当他们问他一个表面上很普通的问题的时候，他的回答却能触及他们内心真正想问的那个问题。有一次我跟他说起了这种情形，他回答我说："我回答的是那个人，而不是那个问题。"

大约持续了有一个小时，萨古鲁一直在跟许多人相互问候，或者倾听、交谈，或者开些小小的玩笑。最后，无论是那个送香皂的女士，还是那个送飞盘的男士，每个人都为自己有机会跟他重逢感到心满意足。在跟大家最后告别之后，萨古鲁就跟我一起去取行李。等候行李的时候，我注意到在人们送给他的礼物中有一本鲁米的诗集。我刚好对鲁米有些了解，他的诗歌颂了对神性的热烈的爱，所以我问萨古鲁："爱是不是就是我们最终所寻求的？"

就在那时，他的行李从传送带上转了出来，他就俯身去取，因此我以为他没有听到我的问题。取好行李，我们就往我停车的地方走去，他拖着行李箱，在走道上发出"吱吱嘎嘎"的声音，声音在灯火通明的停车楼层的墙面上反射回来，发出了更大的回响声。

萨古鲁是一个既能静下心来，又能运动起来的人，所以我特意问他想不想自己来驾驶车子。很多人都知道他喜欢开车——而且开得很快，但是经过这一趟长途旅行，我想他或许需要休息一下。但是压根不是这么回事：他给了我一个肯定的回答。我大声笑着将钥匙递给他。我坐到乘客座上将安全带牢牢系上，因为我知道他不仅能够开足马力带你驶向自由，他也能开足马力驾驶一辆真正的汽车。在印度，大家都没有什么车辆限速的观念，萨古鲁开起车来，就像开发人们的潜能一样，常常逼近极限，为此他早已名声在外。

第三章 序幕：萨古鲁来了

他将钥匙插进点火器，转身看着我，问道："我能开多快？"

我不知道他为什么要问我，这不是我说了算的。车子从停车场呼啸而出，即便我回答了他，他也听不见。

从亚特兰大到我们住的山区车程通常要接近三个小时。但是没踩几脚油门，我们已经出了城区，一路开去，踏上了这次破纪录之旅。我在想，一位印度瑜伽大师在州际公路上以时速一百三十六公里开着一辆宝马敞篷车，人们会做何感想？公路上的警察会做何感想？不过，不一会儿我就放松地微笑起来，因为我知道在这如子弹般向前穿梭的车子里，我踏上的不仅是一次州际高速旅行，更将是一次心灵的高速旅行。

在印度，我早已见识过萨古鲁旋风般的驾驶风格。所以我想问他一个不算太离谱的问题："萨古鲁，为什么你这么喜爱引擎和速度？"

"喔，"他微笑着回答道，"我对生命中的每件事情都充满热情。现在驾驶是我唯一可以在工作之余还有时间可以享受的一项乐趣了。"

他敏捷地变换了一下车道,接着说:"我从小就喜欢各种各样的交通工具。有一段时间,我最大的梦想是拥有一辆自行车,后来有了自行车之后,我在上面可消磨了不少时间。只要轮胎稍微有一点点破旧,我总是喜欢为它换上新轮胎。这不是为了炫耀,我在乎的不是外观怎么样,而是装上新轮胎之后骑在上面的感觉,我关心的是这个。"

"我知道你是怎样开车的,"我说,"所以我可以想象你肯定骑坏过很多自行车轮胎。那你哪来的钱为它买新轮胎呢?"

萨古鲁大笑着说:"我小的时候就有本事找到各种稀奇古怪的工作,来为自己赚钱。"

"比如是哪些事呢?"我问道。我不知道一个长在印度的孩子是怎么赚钱的。

"那时候有一个研究所愿意付钱请人清除他们地面

第三章 序幕：萨古鲁来了

上的毒蛇。不同尺寸的毒蛇价格也不同。我还会通过抓鹦鹉来赚钱。我想要自己支付自行车维护的费用，同时还可以有钱骑车出去玩，所以我很高兴能找到那份工作。其他人不是不愿意就是没能力做那份工作。我当时喜欢冒险，常常做出一些危险性很高的动作，为的就是让自己高兴，同时还有钱赚。"

我很高兴萨古鲁能够追忆他童年的往事，但是抓毒蛇算是怎么一回事？！

他接着前面的话又说道："其他孩子经常鼓励我去攀爬，我可以攀爬上任何东西。用我赚来的钱，足以支持我跟一帮十到十五岁的孩子一起出去玩个四五天了。对像我这样一个十岁的小孩来说，这可是一笔不少的资金了。我就是那样花钱的，我不喜欢住旅馆，也不买新衣服，我只对户外活动感兴趣。"

另外，他对州际公路上经过车辆的了解程度也让我惊讶，从中我也可以看出他是多么喜爱汽车。每开过一辆汽车，他都可以就该车的种种细节娓娓道来，他可以从车型编号、引擎特点、排量大小、传送装置讲到每一

心灵午夜密谈

辆车不同的驾驶体验和其他很多细枝末节。甚至他还会指出这辆或那辆车的制造和出厂年份,以及什么时候对整车设计进行了改造。在我看来,他对汽车几乎是无所不知。

我说:"听起来,你就像一部汽车的百科全书。"对我这个评论,他未置一词,换了一个话题:"我还喜爱飞机,我非常渴望自己能够飞翔。为了这个,我差点加入了印度空军。后来,我们一帮人搞了一个奇怪的飞翔装置,我穿戴上那个玩意儿从附近的一个山头上跳了下去,这就是我的处女飞行。跳下去之后,我并没有飞上天,却撞到了山谷里。飞翔机撞破了,连我的两个脚脖子也弄伤了。"说到这里,他以他那富有感染力的爽朗笑声大笑了起来。

"我猜你的父母肯定高兴坏了。"我故意正话反说。

"没错,我父亲一直为我担心,因为他知道我胆子很大,什么都敢尝试。"

我微笑着摇了摇头。开快车、搞飞机、抓毒蛇,谁

第三章 序幕：萨古鲁来了

知道他还能搞出什么花样。胆子大，又喜欢引擎，这两者在他身上融为了一体。我在想，他对踩油门的热情是否折射出他对加速人们的心灵蜕变一样热情有加？说到这个，我想起了他教的瑜伽也是一种引擎技术：心灵的引擎技术。

尽管萨古鲁的童年时代有其疯狂的一面，但是他的整个生活似乎有着比常人更为清晰的目的。我不知道他在多大程度上掌控着自己的生活，又是什么在背后驱动着这个疾速驾驶的神秘家呢？其中是否有命运的因素？换句话说，是否每个人都受着命运的驱使？

高速公路上那些白色交通线在我眼前不断地加速晃过，唤醒了我的一腔愁绪，我问萨古鲁："是否有命运这么一回事？我们对自己的生活到底有多少主动权？"

我是一个专注的、目标导向的人，我为此而感到自豪。我知道我的生活（尤其是我的事业）很大一部分要归功于此。但是不管我多么专注，我依然不能完全掌控自己的生活。我想知道在何种程度上我可以进一步提高自己对生活的控制和经营。而且，既然我是从心灵的角度看

心灵午夜密谈

待生活,我也想知道是什么样的看不见的力量在驱动我们的生活,像业力和因果这样的事情是否在我们的人生中起到了一个决定性的作用。我们是在命运的掌控之下吗?还是我们可以改变命运?

他在回答之前停顿了片刻,说:"实际上,你真正想知道的是,人生是不是被预先设定的。这个才是你真正想要问的问题。之所以会有这样的问题,是因为在你的生活中发生了某些事情,你努力想要这些事情往某个方向走,而它们偏偏往另一个方向走。这就是你问这个问题的真正原因。

"举例子来说,在保证车子里有足够的汽油并且遵守交通规则的情况下,你完全可以控制车子的方向,像这样的事情你完全可以控制。但是,我们不能控制重力。在过去五十年里,我们的科学认识有了很大的提高。如今,我们很少想到命运,我们想的是怎样控制事情的发生、发展。你明白吗?"

问完这句话,他有意停顿了一下。很显然,他是想让我自己思考一下。

第三章　序幕：萨古鲁来了

"所以，"他接着说，"在接下来的一百年时间里，假设我们对事物的认识水平得到了很大的提高，你将会看到我们逐渐摆脱了命运的魔掌。我们自己可以决定大部分事情。这个过程今天正在一步一步地发生，不是吗？但是，我们仍然对作用在当前处境的各种力量不是那么了解。对于我们不了解的事物，我们就说这是出于神的意志。这样做等于把这个问题给抹杀了。我们给它贴上一个'神'的标签，因为我们还没有真正了解生活的真相。

"现在，我们在印度南部偏远地区正在从事一项重要工程。你知道，我从年轻时就开始跟贫困人群打交道，但是当我真正来到那些贫困地区，看到那里的情况后，我非常惊讶。在二十一世纪的今天，政府的医疗机构遍布乡村，每隔五公里就有一个，但是每年竟然还是有七万名儿童因为一些像结膜炎之类可治愈的疾病而导致失明。

"结膜炎本身不会导致失明。但是，那些孩子因为奇痒难忍拼命抠挖自己的眼球。假如他们不用药并任其发展，四天后他们也会没事，但是他们忍受不了那种瘙痒。只要两滴抗生素，他们就不会失去光明。你认为这是命

心灵午夜密谈

运还是一件我们可以改变的事情呢？"

"这绝对是一件我们可以而且应该去改变的事情。"我回答道。

"不管你现在的命运如何，"他继续说，"它是一个自我创造的过程，可是不幸地，你是在无意识地创造着自己的命运。命运的剧本是你自己写下来的，而不是别人写的。造物主已经赋予你充分的自由。造物主在你身上烙上了他自己的烙印。你的命运是由你自己书写的。只因为无助，才使你经常谈论命运，我想要让你知道来自自己的力量，那种自由的力量，这种来自内在世界的力量，一种能让你成为自己命运主人的瑜伽之力。

"你还不知道成为一个人意味着什么，如果你将人性提升到一个最高的高度，那么神性就会成为生活的一部分。如果你对自己的身体拥有控制能力，那么你的命运的百分之十到百分之十五就掌握在自己手里了。如果你对自己的头脑拥有足够的控制能力，那么你的命运的百分之四十到百分之六十就掌握在自己手里了。如果你对自己的能量拥有充分的控制能力，那么你的生活和命

第三章 序幕：萨古鲁来了

运就百分之一百地完全掌握在你手里了。

"瑜伽作为一门科学就是要同时在身体、头脑和能量三个层面上运作。任何人只有在他自身毫无问题、毫无障碍的时候才能充分挖掘自己全部的潜能。只有在他的身体、思想和情感都不存在任何问题的状态中，他才能实现他全部的潜力。我们所有的灵修都是在做这件事情。然后你就可以决定你想到哪里，你的下一个人生阶段、下一个目的地就由你说了算，一切由你决定。为身体健康服务，有一门科学叫医学；同样地为内在心灵世界服务，也有一门科学，那就是瑜伽科学。通过这门科学，你可以百分之一百地将命运掌握在自己手中，你可以百分之一百地将生命的进程掌握在自己手中。你想过怎样的未来生活都可以有意识地作出选择。这就是自由，这就是极限。

"你的童年、成长和死亡都可以由你自己选择。你可以创造自己想要的生活，即便是现在，生活依然是你自己选择的，只不过你是在无意识地选择目前这样的生活。你也可以有意识地选择。如果你不把命运掌握在自己手中，你就生活在'意外'事件中。当你'意外'地生活着，你自然就会有种种焦虑。这个世界百分之九十的人都处于焦虑之中。这只是因为人们没有努力将生活掌握在自己手中。事情一件接一件地发生，而你对它们无能为力。"

"如果我们目前在无意识地创造自己的命运，那么这又是怎样发生的呢？是取决于我们现在的思想、行为还是取决于我们过去的所作所为？"我问道。

"你现在是怎样一个人，"他回答道，"你的整个个性，你的一切都来自你的生活留给你的各种印象的复杂累加。这个就像软件程序的东西已经帮你将生活编程编好了，这个就是所谓的'业力'。它是你印象的综合。任何你接触到的事物都在你的头脑里甚至你的能量体里留下印记，你的身心如何运动，你的能量如何运作，都是过去业力的结果。你怎样移动你的身体都已经被编入程序。所以你称之为业力的东西其实是你获取的大量印象储存的总和。由于这些印象你发展出了某些个人取向，而这些个人取向是无意识的。

"你的身体、头脑、情感和能量就是根据由印象演

第三章 序幕:萨古鲁来了

化而成的个人取向来运作的。这就解释了'业力'如何对你的生活产生影响的。除非你的意识达到一定的高度,能够对自己的生活有所掌控,否则,你就会始终处于生活的洪流中,被你无意识形成的个人取向推来挤去。你会被推往某一个方向,所有这些都是你自己造成的,没有别人,只有你自己。"

"这么说,既然我们创造了这样的生活,我们是否也可以避免创造它呢?"萨古鲁的话对我有很多启示,令我有些兴奋,"或者,我们是否可以有意识地改变生活?又或者,是否有些人生经验是命中注定我们会经历到的?"

萨古鲁答道:"就目前而言,确实是这样。很多事情注定会发生,因为这些个人取向比起理智上的决定要埋藏得更深。如果你决心改变命运,还是有很多事情你可以尝试。不过一些最重要的人生事件会自然地发生。然而,一旦人们对自己的能量有了一定的掌控,他就可以彻底改变生活的进程。

"现在我们讲讲怎样有意识地让某一件事发生改变。

心灵午夜密谈

当一个人走上灵修道路，说'我想找到内心的自由'，这意味着他想将生活的进程掌握在自己手中，就像你一样，你想将命运掌握在自己手中。瑜伽的第一步就是要让你对自身的某些部分负起责任来，从身体和呼吸开始，接着是头脑和能量。你得一步一步来。这不仅是从痛苦中解脱出来。你绝对能够改变自己命运的进程。"

"萨古鲁，"我说道，"因为我能够坚持修行，所以你在课程中讲到的所有这些事情的确都已经在我身上应验了。现在我感觉生活轻松了不少。事实上，我很喜欢修行。生活中这样那样的问题都变得不再是问题了。以前紧随我的那些焦虑也都离我而去了。但是我感到自己离掌控自己的生活还相去甚远。"

"谢丽尔，很明显，你能够真正将命运掌握在自己手中。我碰到你的时候，你的身体状况很差，甚至你的眼神都非常消沉。如果不是你坚持修行，你可能会大祸临头。如果不是你坚持做瑜伽，现在你不知道自己会有多糟。问问你的医生当时你的身体有多憔悴。现在，一切都有了改观。所以，你是不是已经把生活的主动权掌握在了自己手中？你的状态恢复正常了，什么事情都做

第三章　序幕：萨古鲁来了

得比以前更加有声有色。毫无疑问，你生活的这一个部分已经归你掌控了。问问你的医生，他会同意我所说的。一旦你的身体恶化到那样一种状况，其他事情都别提了。现在这一切都好转了，你的能量又上升了。看看你的健康提升了多少。所以当你一旦有了健康的身体，不知不觉你就能将很多其他事情掌握在自己手中。"

萨古鲁今天将头发扎成一个马尾辫，看上去活力四射，很年轻。此时他把那副墨镜往下一扣，用他那众所周知的带着古老气息的眼睛看着我。我知道他想让我别错过他话里的意思。在我身上发生的一切并不是偶然的，他说的的确是事实，而这些事实远远超出了所有专家们的预期。

在我开始做壹沙瑜伽之前，我的健康状况非常差。我得费尽周折才能让自己的身体正常运转。我所能做的就是挨过每一天，假装一切正常。晚上我回到家，几乎什么事情也做不了。我经常感到自己完全被打倒了，体内连一点能量也没有。而现在，作为鲜明的对比，我感觉非常轻松自在。

心灵午夜密谈

"那么，我们要怎么做，才能将命运完全掌握在自己手中呢？"我问道，"我有一次听到有人问你怎样控制自己的杂念，她讲到她的杂念很多，四处发散，不受控制。我们大多数人好像也是这样。我听到你说，我们不能控制自己的杂念是因为我们将自己认同于很多事物，认同于自己的身体、头脑、工作和家庭，等等。听上去你的意思是说这跟掌控自己的命运也有很大的关系，是吗？"

"当你认同于许多东西的时候，其实这些东西并非真正的你，这样你就无法停止杂念。起先你认同于你的身体，后来你开始认同你的头脑、情感以及事物和人物。你渐渐陷入无穷无尽的认同之中。

"人们不理解这些虚假的身份和真正的自己之间的关系。在这样的情况下，或许你体验到一些幸福，或许你从外在事物中得到某种快乐，但是对大多数人来说，仅仅做他自己，而无条件地满怀喜悦几乎是不可能的事情。你快乐是因为外在的事情，但是你的本性却并非如此。"

"萨古鲁，我所了解的大多数人几乎都在寻找一种

第三章 序幕：萨古鲁来了

完美的生活，"我说道，"完美的伴侣，美丽的风景、无尽的财富。我也喜欢这些。但是我知道我们其实太小看自己了，我觉得我们的人生可以更丰盛。"

"绝对可以更丰盛。一旦你进行了一段时间灵性修持（Sadhana），你就会对自己的身体、大脑和能量有了一定的主动权。如果你想追寻一种灵性生活，那么你就需要更多的控制能力。但是，如果你只是追求物质富裕，那就只需要一定的控制能力就可以轻易地实现目标。"

"我还是觉得，如果我们只想要一个富裕的生活，那我们还是太小看自己了。"

"只要对自己的身心有一点掌控能力，你就可以轻易实现富裕，如果你强化自己对生命能量的掌控到某一个点，你就可以让自己的能量的主动权大过身体和头脑。这样的话，你就可以自然无为地创造自己想要的生活了。在这个世界的物质层面里，你所需要的事情就会自然来到你的生活中，甚至不费吹灰之力。要达到这一步，其实并不需要花费你很多时间。成功者就是一群对他们的头脑有一定掌控能力的人。他们可以以某种方式运作他们自己,在这方面他们比其他人要强一些。然而,最好的办法就是去超越那些具有内在强迫性的欲望。否则,这个星球就会承受不了,失去平衡,因为人们创造了太多不必要的东西。"萨古鲁说。

"这让我有点沮丧,"我说,"因为,我只要投入到自己的生活中,我就可以在外在世界中创造很多自己想要的事物,但是说到灵性领域,我就没有那么好的运气了。"

"你现在只能做成一些小事,你还不能做大事。你得想办法让自己可以完成一些真正的大事,"他说,"一旦你能在某个时刻体验到创造的源泉就在你自身,从而将你整个的焦点放在自己身上,那么你改写自己命运的机会就来到了。"

确实,我还没有完成大事。萨古鲁是在提醒我,我的健康提高了这么多,这本身是一件极其重要的事情。我无意低估其价值。如果你失去健康,一切都将变得困难。由于缺乏体力,又病痛缠身,开始的时候壹沙瑜伽对我来说非常难做。现在身体好了,我就有能力体验到壹沙

第三章　序幕：萨古鲁来了

瑜伽更加微妙的层面了。不过，这反而增强了我对成全真正的自己的向往。

当我们在州际公路行驶的时候，我几乎没有注意到窗外的景致渐渐模糊起来，此刻，我们开在一条双车道高速公路上，往北佐治亚山区行进。田野一片郁郁葱葱，点缀着一些收割好的整齐堆放着的金色干草堆。四周的远山一片朦胧。中途，我们还停下车将车篷完全打开。在我们离开亚特兰大的时候，气温是三十五摄氏度，天空是苍白的，而此刻气温至少降了五摄氏度，并且一点也不潮湿，天空万里无云，湛蓝湛蓝的。

我们一路前行，萨古鲁继续谈论着我关心的问题。

"首先，你应该确立真正的你是谁，"他说，"当你说'我自己'的时候，其实是那个跟很多东西认同的那个你，你的身体、头脑、房子、汽车、丈夫、孩子、宠物、教育、生意、权力，等等，所有这些都是印象累积物，你将它们认同为你。这个时候，你是一个散乱的人。假如我将你与所有这些身份剥离开，你会感觉自己就像一个无名之辈，所以你现在所指的'我自己'不过是围

心灵午夜密谈

绕着你的一层又一层的东西罢了。当我说'你',我的意思就是你,那个没有任何装饰的你,而不是这辆车,不是这趟旅行,也不是这个星期,不是你的孩子,也不是别的什么东西——就是你。假如这样一个'你'跟所有这些与真正的你不相关的东西不再认同,你就是那个赤裸裸的你,那么你就可以按照你想要的方式改写自己的命运。而现在,你还是一个散乱之人,其中没有真正的你,而只是过去印象的堆积而已。你还需要将所有这团乱麻给理清楚,并将它们弃置在一旁。

"只要你还认同于所有这些你累积的东西,你就是一个乌合之众,而乌合之众的命运总是被预先注定的。一旦你成为个体,你就不能再被分解。不可分解意味着无限。任何事物都可以被分解成碎片,只有无限无法被分解。任何可以被分解的事物都无法保持长久。这就是说,你是一堆零碎,将自己整合起来不是一件容易的事。难怪人们始终处于焦虑之中。当你成为一个真正的个体,不再跟任何东西认同,你的命运就是你自己的。我想让你明白的就是这个。"

我确实也想弄明白他说的这些话。我不清楚我怎样

第三章　序幕：萨古鲁来了

无意识地成了一个散乱之人。我的内心已经不再充满焦虑，但是我的灵性之路却依然不在我的掌控之中。就像萨古鲁说的，他的回答针对的不只是那个问题，而是那个问问题的人，对我也一样。那么这是不是说，我是不是在自己的身体、头脑、情感、房子、汽车、丈夫、儿子、宠物、教育、生意、权力等所有这些事情上都陷入了认同？我怎样才能够全然投入生活而又不处于认同的状态？有些人离开尘世去做隐居的瑜伽士了，我想要在我自己建立的生活框架内达成开悟，这可能吗？他说过你可以生活在尘世，同时又可以超脱它，但是怎样做到这一点呢？你怎样才能活出那个"不可分割"的个体性呢？

萨古鲁接着说道："当你越来越深陷于头脑的思维中，你就会变得越来越想要孤立自己，今天的整个社会都在鼓励这种孤立。孤立意味着你将自己从生活中分离出去，你在制造自己的一个蚕茧。孤立的欲望来自内心深处的不安全感。孤立和不安全感相互滋长，它们在人性中扮演了相当重要的角色，而这整个观念纯粹是出于心理作用。它们不具备任何实质性。"

我在想，在美国文化中这一点是多么显著。我们生

心灵午夜密谈

活于这个隔绝的世界之中，跟邻居不相交往，把任何我们不喜欢或不相干的人拒之门外。不仅富人如此，即使是在贫民区，一个外来人员进入其中也是一件危险的事情。我们只允许相当有限的一部分人进入我们的圈子。这样的自我隔绝会阻碍我们和谐地生活吗？

"你的身体和内心生活原来是包容一切的。你的身体不过是你的暂时居所，是你在这个星球上的一个借贷而已。但是你觉得身体属于你。每一次呼吸，都是你跟这个宇宙的一次互动。你内在的能量始终跟万物是一体的，所以你的孤立性完全是一种精神上的人为制造的边界。换句话说，你有一个跟整个生命对立的头脑。当你的头脑跟生命相对立，你就会不愿意让生命之花充分地开放，这种不愿意完全是一种心理上的局限。

"你身上的每一个细胞都在奋力存活和生长，当你对此毫无知觉时，你就会感到郁郁寡欢，你或许会想要去死。合上你的嘴巴，捂住你的鼻子，看看会发生什么事情？你会发现你身上的一切都在传达一个清晰的信号，那就是它们想要活着。生命的过程是一个包容的过程。假如你形成了孤立的心理，不愿意让生命自然地生长，

第三章　序幕：萨古鲁来了

你就是在精神上反对你自身。这就是所有痛苦的根源。假如你让自己的头脑跟你的其他部分和谐相处，那么头脑也可以变得极为包容。在这样的包容下，你就会感到喜悦和祝福。在这样的包容下，你生命的进程就会变得自然随顺。随顺着做事就是道，抗拒着做事就是逆道而行。当一个人全然包容，喜悦和祝福就会随之而来。

"瑜伽就是对天人合一的了悟。现代科学已经确凿地证明宇宙万物是同一种能量不同的表现形式。各个宗教都声称上帝无处不在。上帝无处不在也好，宇宙万物是同一种能量也好，它们是从不同的角度说同一件事。科学家可以推论出这个事实，但是他没有亲身体验到它，他的认识是理智上的认识，这种认识无法转化他的生活。一个宗教人士则只是信仰这个事实。而一个瑜伽士并不仅满足于推论或者信仰。他想要去亲自体验和了悟。从这个意义上来说，瑜伽是一门将一个人从个体性带入宇宙性的技术，使他真正了悟和体验到他即是万物一体的存在本身。

"瑜伽之父帕坦伽利在《瑜伽经》（*Yoga Sutras*）的开头说得非常精彩，他说：'现在，让我们谈谈瑜伽。'

心灵午夜密谈

他的意思是直到现在你已经尝试过很多东西，你已经品尝过金钱、权力、财富、爱、愉悦的滋味了，"萨古鲁说到这里笑了起来，"但是，没有一样东西奏效。它们本身都很好，但是并没有给你带来巨大的充实感。当你意识到这一点，你就已经为修行瑜伽做好了心理准备。"

我想到了所有那些我在生活中经历到的许多快乐时光。我想起了我的生意越做越好、成功在望的时候，从一无所有，到最终能够购买住宅，住任何我想住的旅馆，到任何我想到的地方，做任何我想做的事情，我以为我终于成功了。但是，这从来没有真正让我满足。生活再精彩，也无法让我感到完全满足。

"人们喜欢那些事情，很大程度上是因为不是每个人都能够拥有它们。这就是人们高看它们的原因。如果世界上每个人都是亿万富翁，你就会对成为亿万富翁失去兴趣。你享受这样的事情只是因为你认为它们很特别、很独特，这不是真正的喜悦。当你意识到所有这些事情都无法给你带来真正的喜悦的时候，你就已经为修行瑜伽做好了心理准备。那就是为什么帕坦伽利在《瑜伽经》的开头说'现在，让我们谈谈瑜伽'的原因。

第三章　序幕：萨古鲁来了

"我们可以穿行于尘世之中而又超脱它。我们走路喜欢走在令人愉悦的大街上。这没有任何问题。那就让我们走在令人愉悦的大街上，但是不要执着于其中，如果你执着于其中，抓住不放，那么你自己就会变成众人皆可踩踏的人行道了。因此，请将自己全然放开。

"假如命运掌握在你自己手中，你会选择自由还是束缚？你会选择自由，因为每个生命最深的渴望就是从生死中获得解脱。所以一旦命运出现在你的觉察和意识之中，接下来的一步就会自然发生，你的内在智慧自然会选择自由，而不是束缚。只有当你无意识地生活在命运之中，你才会在自己身上裹上层层束缚。"

我点头称是，他的话让我联想到自己的很多事情。我知道我总是认同于自己的身体和头脑，虽然我们多数人相信应该还有些什么是超越于肉身和死亡的，但是我们依然在生活中认同于自己的身体。我能理解这一点。但是我的理解无助于我的亲身体验。我甚至也知道我的头脑不是我，因为我不总是听信于自己头脑产生的每一个思想。我也明白我加诸自身的许多虚假的身份认同甚至都没有被我觉察到。

心灵午夜密谈

------- ·:·❋·:· -------

不知不觉，我们已经到达北卡罗来纳山区，正沿着山路盘旋而上。虽然我还有很多关于命运的问题想问萨古鲁，但是我也希望自己能够为他待在我这里时提供尽量多的方便，所以我问他："这个星期你想做点什么事情？我能帮上忙吗？"

"你是一个好厨师吗？"他笑着问道。

我眉头微蹙，承认说："我不是一个好厨师。我能把各种菜混在一起烧，但是谈不上什么厨艺。"我可不想冒险为萨古鲁主厨，何况他的助手里拉的手艺要比我好多了。

"那你对我用处可不大。"他再次笑了起来。

"是呀，用处不大。有什么我可以帮忙的吗？或者你需要些什么东西？"我问道。

我不太了解他工作的性质，实际上，我希望他可以

第三章 序幕：萨古鲁来了

帮我理出一点头绪，我经常听说他的工作有一部分相当神秘，他很少谈起它。我以为就这个话题他不会跟我再说什么，但是过了一会儿，他对我说道："谢丽尔，我们这个家庭很大，你可以说我们是一个大家族，人员遍布全世界，有时候他们需要一点监护。很多人把他们的灵性成长寄希望于我。还有一些事情，你的头脑一时半会儿可能无法理解。我开启的人，没有见面的要比见面的多，对此你可能很吃惊。物理距离在我这里不是问题。

"除此之外，人们找我不只是寻找灵性的指引，他们也在寻找其他方面的帮助。我还看护很多生病的人……"

他讲完之后我在想，他讲的东西实在超出了我的理解能力，但是我还是很希望知道关于他的每一件事。不过他似乎不想再多谈，所以我转变了话题，讲起了里拉，我说她运气真好，有机会能够成为他的助手，并且有那么多时间可以跟他待在一起。

"在我的私人空间里，我允许那么几个人留在我身边辅助我。我会挑一些具有安静气质或者自身具有某种完整性的人，因为这样我就不需要太操心他们本身的事

心灵午夜密谈

情。许多事情不用讲他们就去做了，他们跟我很合拍，从很多方面讲，他们已经成为我的一部分了。他们的内心极为安宁，当他们在我身边的时候，我感觉就像一个人在独处。他们跟我非常协调，做起事来甚至不用我来安排和解释。

"你为我们提供了住所和招待。不过很遗憾我不能充分享用这个地方。我想大部分时间一个人独处，但是晚上我会尽量跟你俩待在一起。"

他的话让我们的这个星期变得更加神秘莫测了。我不知道该说些什么，就那样坐着，任沉默渗入内心。在我们到达别墅之前的一小段时间内，我们都没有再开口说话。

当我们拐进别墅的行车道的时候，我瞥了一眼车辆仪表盘上的时间显示。我们比预期提前了四十五分钟到达。

当萨古鲁停好车，关掉引擎的时候，那本有人在机场送给他的鲁米的诗集从仪表盘上掉了下来。当我捡起这本书的时候，我感觉到一种深深的宁静和一种宁静中

第三章　序幕：萨古鲁来了

的期盼感。或许这本掉下来的书让他想起了我们在取行李的时候我问他的那个问题——爱是不是我们最终所寻找的？——萨古鲁轻声问我："谢丽尔，你在寻找爱还是在寻找终极？"

我一时有点回不过神来。在机场的时候，他没有回答我的问题，我以为他没有听到我的问题，但是此刻在几百公里之外，几个小时之后，他又捡起了这个话题，衔接得天衣无缝，中间的这一段时间仿佛被忽略了。我沉思了片刻，说："萨古鲁，我不知道什么是终极。但我知道什么是爱。如果说生命中有什么多过于爱的，那么我只想要那多过于爱的。"

他点了点头，说："喔，很多很多，多得多。"

第四章

第一夜：午夜密谈

爱是你的本质。爱不是你所做的，爱就是你所是的。

——萨古鲁

正当我们走下车的时候，里拉的丰田小货车也到了，车灯正打在我跟前的车道上。谁说瑜伽士没有时间观念呢？

虽然里拉不到三十岁，但是在她身上有一种超越年岁的智慧。她长得也很美，头发乌黑，眼睛又黑又亮，皮肤也很好。她似乎对大多数年轻女子关心的事情一丝兴趣也没有。她常常穿着异常宽松的服装，当我向她说起这个的时候，她以她典型的随意态度跟我说，比起时尚她更喜欢舒适。有一次我跟萨古鲁说，里拉似乎对自己有多美一点也不关心。他笑着回答我说："人们不知道自己有多美，所以他们不断地寻求外在的肯定。里拉不再有这样的兴趣，那是一件好事。"

里拉说的话有好多次让我反思自己的所思所想。她说出自己想法的时候，冷静、爽快又带点风趣。她一点

第四章 第一夜：午夜密谈

也不怕将自己的想法说出来。

当我开始在壹沙瑜伽中心做一点志愿者工作时，我碰到了一些不是特别令我喜欢的人。我觉得他们很不可靠，常常把事情搞得一团糟，工作起来也毫无乐趣。自从我创立了自己的企业之后，我把自己都宠坏了，平时只跟那些我喜欢、尊敬并且我认为风趣的人一起工作。当我跟里拉挑剔说自己无法适应这些人时，她只是这样问了一句："新人还是老人？"

"这是什么意思？"我问她。

她平静地解释说："他们是刚刚来到壹沙瑜伽中心呢，还是跟随萨古鲁有一段时间了？"这真是一个有意思的区分。在我成为萨古鲁的学生很短一段时间内，我已经看到自己身上的变化。当我这样考虑问题时，我才发现许多我不喜欢的人都是刚刚来到壹沙瑜伽中心的新人，相反，给我留下好印象的大多数人都已经跟随萨古鲁有一段时间了。

我意识到，虽然我认识他们没多久，但是我已经看见了他们身上发生的种种变化。有人说：不要通过佛教徒的言行来判断佛陀。但是我认为，人们变化前后的对比，确实能够反映出萨古鲁以及他的瑜伽带来的效应。有一次我听到萨古鲁说他不在乎人们来见他的时候是怎么样的，因为就像他说的那样："来到这里，他们肯定会发生变化。不管他来的时候怎样，只要他们愿意，他们在这里会变成一个很美的人。"萨古鲁有一次还说，一个好的园丁不会抱怨土质或者种子的好坏，而是尽力使之开花；只有这样，园丁的技艺才能真正显示出来。

里拉告诉我，当她刚来到壹沙瑜伽中心的时候，她会找一些她最不喜欢的人跟他们一起工作。

"为什么？"我问道。

她回答说："我想要消除自己身上的局限，而他们会让我的缺陷暴露无遗。"

这种生活态度跟我三十年来形成的处世风格有着天壤之别。可笑的是，我还自以为是一个人类潜能的探索者，却从来没有意识到自己人性上的局限。以前的我常常对

第四章　第一夜：午夜密谈

自己的舒适区域严加看守，不容人侵犯。里拉在好几个场合都提醒我说：少量的不舒适对人有好处。

里拉有很好的幽默感，我们在一起的时候经常笑声不断。不过，我还是不明白她是怎么能够跟上萨古鲁的步伐的。萨古鲁绝对是一个超人。我无法想象任何人能够赶得上他的日程安排。如果说有什么事情可以作为超越界限的好例子的话，萨古鲁的生活方式就是这样一个好例子。他从地球的一头跑到另一头就像人们穿越一个小镇那么不费吹灰之力。

有一次我跟他们一起开车旅行（当然是萨古鲁开的车），结果我发现在整个行车过程中，仪表盘的速度指针一直悬在一百二十公里时速以上。当我问萨古鲁我们是不是跟那辆迎面而来的卡车靠得太近时，他跟我说他还留有"十厘米"的空间余地。

哎呀！幸亏有他这句话，否则我的心一直在那里悬着呢。

在那次旅行中，他中途要在两个城市作短暂停留，

心灵午夜密谈

为前来听课的几千个人做静修开示。我看到他平和地安坐在台上,做了将近两个小时的开示。然后我们回到车上,又开始一路狂奔。除了在会场上他开示时的宁静时光,整整一天我们都是在高速飞驶的汽车中度过的。最后,我们终于在凌晨两点到达了目的地。四个小时后,他的身影又出现在了足球场上。

每一年每一天,他始终保持着这样的生活节奏。自从我修行壹沙瑜伽以来,体力大有提升,但还是无法赶上萨古鲁的快速步伐。在跟随他的几天时间里,晚上最多睡三四个小时,我体力严重透支,嘴里连一句完整的话都说不连贯。但是,里拉则不同,她可以马不停蹄地跟随萨古鲁连续几个星期都没事。

我们到达别墅后,里拉和我将车上的行李搬进屋子。萨古鲁则进到给他安排的房间里不见身影了。就像其他房间一样,他的房间也配以原木家具和木制镶饰,墙上则挂着印第安原住民风情的地毯。客厅里的壁炉顿时令我们感觉温暖和舒适许多。我将火生了起来,里拉则跑到厨房为这一周的饮食打点忙碌起来。没过几个小时,就在午夜之前,她已经将一顿不可思议的南印度美餐呈

第四章 第一夜：午夜密谈

现在我们面前——她完全不依靠任何食谱，几乎没有两个菜使用同样的烹饪方法。

萨古鲁加入了我们的晚餐。我们安顿了下来，为这样一个兴致盎然的漫长夜晚做好了心理准备。

为了准备茶水，我将一壶水搁到炉子上烧，水开的鸣叫声正响起的时候，萨古鲁问道："告诉我，谢丽尔，你那艘船还在吗？"从他的眼光里我可以看出他恨不得立马出发去坐船。我笑了。看来他对这一整天的奔波根本不以为意，深夜坐船出行似乎正合他意。虽然我拥有那艘船已经好几年了，但是从来没有在光线不好的情况下行驶过，更不用说是在午夜时分出去了。他想坐船行驶的渴望令我不由得对他的旺盛精力大为赞叹。

午夜通常是我的睡眠时间，但是那一晚，萨古鲁不同寻常的请求激发了我体内的能量，令我不禁跃跃欲试。我一跃而起，带着萨古鲁和里拉穿过杂草丛生的门口，循着一条小路，来到湖边，跳上了船的甲板。我叫他们在甲板上等我一会儿，我想先检查一下船的状况。谢天谢地，船里已经加满了油，所有设施也一应俱全。

心灵午夜密谈

一转念我忽然又想起自己似乎遗忘了一些重要的东西,我居然连开船的钥匙也忘拿了!一路小跑赶回屋子,除了钥匙,我顺便还拿了几条毯子,一个大手电筒,一盒火柴,还有一副夜视镜。

----✦----

那是北卡罗来纳一个令人愉快的夏夜,较高的海拔令那里的气候温和而又稍显凉快。当我双手捧着一堆东西从屋子里出来的时候,不禁特意停下来欣赏了一下周围的环境:空气是那样的清新,明朗的夜空上星星点点,蟋蟀和夏蝉的鸣叫交织成一曲低沉的交响乐,空气中弥漫着湖泊、土壤和树林那滋润而舒爽的气息。

当我回到船上的时候,萨古鲁早已站在船舵的位置上准备起航了。我和里拉坐在船头,萨古鲁将船驶离岸边,不一会儿船就在午夜的格里湖(Lake Glenview)上开始轻快地穿梭起来。就像驾驶我的汽车一样,萨古鲁开起船来也是驾轻就熟。水浪拍击着船舷两侧,闪烁着光滑的银色光晕。萨古鲁的微笑在深沉的夜色中生动地闪亮着。水面上万籁俱寂,唯有我们几个在水上穿行。

第四章　第一夜：午夜密谈

一切都是那样完美。

一会儿工夫，我们来到了一个小小的荒岛上。萨古鲁技巧娴熟地将船停靠在沙滩边，那里正好有一棵倒下来的树作为我们的一个小小码头，沿着树干走过去就是一片树林茂密的河岸。我与里拉将船系好，萨古鲁则跑在我们前面来到一块空地上，在那里生起了一堆篝火，此刻这堆篝火看上去就像无边黑夜中的一个烽火台。大家沉默了几分钟后，萨古鲁开始独自唱诵密咒，那段咒语顿时在我们心中共振起来，萦绕在心头久久不去，仿佛催眠一样令我们都沉浸其中。

萨古鲁唱诵完了，随着唱诵声的消逝，在包围我们的无边黑暗中，我们三个人无声地坐着，心中洋溢着祥和与祝福。

过了一段时间，我才开口询问萨古鲁那段咒语的意思。

"粗略地翻译一下，"他说，"它的意思是：声音是婆罗门，是宇宙的示现。声音通过所有生命示现其自身。声音是束缚，声音又是解脱的手段。声音是那个束缚住

心灵午夜密谈

你的,声音又是那个解放你的,声音是一切的赠予者,声音是万物背后的力量。声音即万物。"

我思考着其中的含义,并想起了有关"言词"及其非凡的意义,这令我意识到,所有的修道传统都有着某种密切的内在联系。

过了一会儿,里拉开始向萨古鲁问起一对年轻伴侣的事情,他们想让萨古鲁为两人证婚。在他们谈话的间隙,我问萨古鲁世界上到底有没有灵魂伴侣这回事。我认为没有,但是因为这几天我正好跟儿子在探讨是否每一个人都有一个完美伴侣在等待自己,所以这个问题还是盘旋在我脑海中。在我十九岁结婚的时候,我坚信每一个人都有一个自己的灵魂伴侣,而且我也相信自己已经找到了那个伴侣;但是离婚之后,我很快放弃了这个信念。但我的一些朋友即便到了我这样的年龄还在寻找他们心中完美的伴侣。我不知道这样理想的伴侣是否真的存在。拿我早年失败的婚姻而言,我对此早已不屑一顾,虽然我后来从离婚的阴影中走了出来,并找到了另

第四章 第一夜：午夜密谈

一个生活伴侣，我也十分欣赏他，但是我未曾期待他成为我的灵魂伴侣，我认为这种想法只会增加彼此的心理负担。

萨古鲁问道："你想问的其实是是否每一个人都有自己的灵魂伴侣，对吗？"

"是的，"我答道，"这就是我想问的。"

"嗯，你必须首先理解以下这一点，"萨古鲁解释道，跳跃的篝火返照在他脸上，使他的眼睛更加明亮而生动，"配对始终是跟身体相关的。这是身体的一种需要。这或许也涉及你的思想和情感。因此，配对的过程有一部分关涉身体，有一部分关涉思想和情感。灵魂无法跟任何事物配对，灵魂也不需要伴侣。因为它是终极而无限的。为了让自己感觉更好，那些有限的东西需要一个伴侣。"

这样的思路虽然逻辑严谨，但是听上去既没情趣，也不浪漫。

心灵午夜密谈

"你为什么要给自己选择一个伴侣呢?"他问道。

"我想是为了获得一种充实感。"我回答。

"想要让自己的身体感觉更好而选择伴侣,"他微笑着说,"我们称之为性爱,这可以是一件很美的事。为了让自己的思想感觉更好而选择伴侣,我们称之为友情。为了让自己的情感感觉更好而选择伴侣,我们称之为爱。情感上的相容是非常甜蜜而美好的,但是也就这样而已,它不可能走得更远。体验到身体上的相容相悦或者思想上的友谊,或者经历一场强烈的爱情,可以从各个方面让你的人生更加丰富多彩。但是如果你愿意认真仔细地审视它,你就无法否认其局限性,随着这种局限性而来的就是内心的焦虑。虽然能够找到一个在身体、思想和情感上相容相悦的伴侣是一桩幸事,但是如果你不满足于这种局限性,它最终会让你感到窒息难忍。

"这种令人赏心悦目的相会就像生活在一个美丽的花园中,每一个人都想要拥有这样的机缘,但是这个跟灵魂无关。

第四章 第一夜：午夜密谈

"以这样的方式你获得的联结不是身体上的，就是思想或情感上的。以这样的方式你无法联结上其他更深入的事情。如果你在其中提升了自己的觉察力，从而获得对自己能量的一些掌控，你还可能联结上你的能量体。

"理解自身现有生活中的局限并且最大限度地活出精彩，然后看看怎样才能超越这些局限，具备这样的生活态度是非常重要的。

"如果你不理解人与人关系中的这个局限性，它就会被无限放大，但是当这种关系崩溃之后，它就会显得如此丑陋，以至于你甚至无法体面地从中走出来。它之所以变得如此丑陋，只是因为你对自己，也对对方不够诚实。

"最好直率一点，至少要对自己直率——如果你的伴侣还缺乏足够的成熟度，不足以让你对他百分之一百地直率，至少你要对自己直率。这是非常重要的。如果你想要感性而愉快的生活，不自我愚弄是极其重要的。你早已经知道他是一个蠢蛋，因为当他来到你的生活中的时候，他早已把自己的愚蠢暴露在你面前了。"他说

心灵午夜密谈

着说着大笑了起来。

"谢谢你。"我也随着他笑了起来。我发现当说到我之外的别人时他变得更加风趣,他的幽默感也更加富有感染力。

"只有对自己直率,你才会明白你对其他人直率的价值,"他说,"所以,对其他人怎样没有什么大的关系,你尽力而为就行了。我关心的不是你跟其他人怎样相处。你跟其他人怎样相处是一个社会问题。我关心的只是你本人。你必须对自己直率。"

"对自己保持直率很重要,否则,你的生活就不能走上正轨。如果你对自己始终诚实以对,你就会看透很多事情,很多别人认为很重要的事情对你来说就会显得不再重要,甚至毫无意义。

"你对自己越真诚,你看事情就会越清楚,你也就越没有必要为了让生活变得更富有色彩而人为地夸大事情的戏剧性。没有这些剧情,你的内心会变得更加自由,你也会变得不那么容易固执。你也会更加轻松地在生活

第四章 第一夜：午夜密谈

中快刀斩乱麻，处理那些拖累你的事情。这样，你就会更加超脱更加自在。

"如果你不能对自己保持绝对的直率，你可能会花费一辈子时间来处理那些干扰你的鸡毛蒜皮的小事，直到你意识到所有的担忧对你都没有什么好处。你可能被纠缠其中枉费一生的时间。那是一种生命的浪费。

"但是假如你对自己非常直率，你就会发现世界上很多被涂上浪漫色彩的事情其实一文不值，毫无意义。它们全都是空的。生活本身就是丰满的，不需要任何装饰。只有那些错过生活的真谛的人，那些不能意识到生命的广度和深度的人，才会想去浮夸生活。生命并不会因为你外在的浮夸而变得美丽——你只有跟它融为一体，才能在其中发现它的美。"

他边说边捡起一根树枝在一堆燃烧的木料里拨弄了几下，又添上一根大树干，火苗一下子蹿得更旺了，熊熊地燃烧起来。

他继续说："这是不是说你不应该享受生活简单的

心灵午夜密谈

一面呢？不是。就以此刻为例，如果你在此刻享用晚餐，你会因此而开悟吗？不会。但是这并不意味着我们因此而不去享用晚餐。为什么我们不能享受生活简单的一面呢？我们饥饿了就吃饭。虽然晚餐不能将我们带向终极的真理，但是我们还是会享用它。我们的身体饥饿了。同样地，如果你的思想或者情感饥饿了，你就结婚。但是你十分清楚，这个不是终极。你还是可以很好地处理你的婚姻。但是如果相信婚姻的神话和幻想，那么它最终会让你失望。终有一天，它会让你崩溃。即便你跟一个世界上最出色的人结了婚，你仍然会崩溃，因为你无法永远地欺骗你自己。像婚姻这样的人生安排会让我们的生命旅程更加愉快。你所说的平安、喜悦和爱都是愉快的不同层次而已。"

"萨古鲁，如果有些人认为婚姻不适合他们，你认为他们是否根本就不应该结婚？"我问道。

"为什么不呢？假如你没有这样的需要，你就没必要走进婚姻。如果你不饥饿，就不必吃饭。以此类推，生活中的其他事情也是这样。如果你有需要，就去做相应的事情。如果没有需要，你就没必要因为别人都在做

第四章　第一夜：午夜密谈

这件事而去做它。"

当萨古鲁这样说的时候，我在想，我自己在多大程度上还受着其他人的影响。虽然现在的我确信我对自己是绝对直率的，但是谁也无法保证你不会以某种潜移默化的方式受到其他人观念上的影响。我清晰地记得，我对直率的顿悟来自一次车子抛锚事件。在我离婚后不久的一个阴冷的雨夜，在下班的途中，我的车子突然在公路上抛锚了。当时是凌晨三点，我正赶往保姆家准备去接儿子克里斯。我只得走出车子，在倾盆的大雨中寻找电话亭，准备打电话求助，其实我心里清楚我根本找不到可以求助的人。在全然的孤独无助中，我真正体会到了一种彻底的绝望感。那一段时间，我跟家人和朋友的关系都已经断绝。正当我陷入自怨自艾的痛苦中的时候，一个声音却从心中冒了出来告诉我说："听着，你孤身一人来到这个世界，你也将孤身一人离开这个世界；而中间的人生道路怎么走全靠你自己。"当孤独包围着我，我几乎已经走到了人生的悬崖边的时刻，我内心的这段话让我不再感到跟家人和朋友的隔绝，我意识到这种隔绝之所以产生，是因为我以前太依赖于家人和朋友给我带来的一种虚假的安全感了。实际上，无论是拥有家人

心灵午夜密谈

和朋友,还是失去家人和朋友,任何事情都可能发生在一个人身上,我们要做的就是去面对真相。

在某种程度上,是这件事让我跟自己成了朋友。在这之前,我很容易受到别人的影响。而我跟自己成为朋友的意思是我突然变得对自己非常诚实。这对我来说是人生中的一个重要启示,从此之后,我更愿意面对赤裸裸的人生真相。自从我开始练习壹沙瑜伽,我发现自己对自己看得越来越清楚,自己所想所做的事情也会更多地被觉察到。你身上的很多事情一旦进入你的意识是很令你尴尬的一件事,比如当你忽然发现自己其实是一个自我中心的人,你是不是一下子无法接受?

你对自己看得越清楚,你就越不会将浮夸的东西加入你的生活中,而你的个人需求也就越可能被蒸发到空气中。无论尴尬与否,如果你觉察自我的能力因此而不断增强,它就肯定会对你的个人成长大有助益。

正当我想入非非的时候,我瞟了一眼自己的手表,很惊讶地发现已经是凌晨两点二十分了。我们坐在小岛上这个温暖的火堆边,不知不觉间时间飞快地过去了。

第四章　第一夜：午夜密谈

　　萨古鲁讲话的时候，我们一起维护着这堆篝火。此时四周的环境给我留下了深刻的印象。微风、湖泊、火苗，似乎都透着熟悉的泥土气息，让人身心愉快。我看看萨古鲁，他似乎知道我们不愿意离去，所以我大胆地又问了他一个问题。

　　"萨古鲁，"我说，"我一直认为爱是最为终极的，但是你说还有更多，"我指的是他在前一个晚上留给我的一个谜题，"更多是什么？是不是有神性之爱这回事？"

　　停顿了片刻，他回答说："爱是一种人类情感。这是作为人而言最为美丽的情感之一。许多社会文明喜欢压抑爱。很多人做出巨大的努力，就是要将爱出口到天堂去。爱来自这个地球，来自你的心灵。有太多的言论都说爱就是上帝。你无法知道上帝是不是爱，但是只要你愿意，你可以成为爱本身。爱是一种人类情感，你不需要跑到天堂里去了解它。你所说的爱来自温柔的心灵。你知道，甚至你的小狗也是爱。

　　"通过教诲别人说爱来自天堂，我们已经使人们越来越不会爱。爱来自内在，如果你不去认同这个认同那个，

心灵午夜密谈

如果你免于种种偏见，你就会发现爱是非常自然、自发的。

"当你将世界划分成对的和错的、我的和你的、上帝的和恶魔的，爱就变成有条件的了。爱变成了外在环境的奴隶，不再是你本性的展现，相反却成了只有在什么人和什么事很出色的情况下才能发生的一种现象了。

"简单地说，作为一个人，你只能经验到这四样东西：身体、头脑、情感和能量。你现在称之为'我'的那个人就是这四样东西的一个组合体。你的身体可以达到的最佳状况就是健康和快感。你的头脑可以达到的最佳状况就是喜悦和平和。你情感的顶峰就是爱。而你的能量既可以处于很虚弱的状态，也可以达到洋溢和狂喜的程度，它在这两者之间摆动。这些就是你现在具有的所有的经验层面。

"通常而言，人们并不知道身体、头脑和能量的强烈程度，但是他们对强烈的情感却深有体会，比如愤怒、憎恨、嫉妒、爱或者激情。对大多数人来说，情感是他们感受最为强烈的部分，它影响和决定了他们生活的质量。而爱是所有情感中最为甜蜜的。

第四章　第一夜：午夜密谈

"如果你问某人他是喜欢身体健康还是不健康，头脑愉快还是不愉快，显然他会选择前者。同样地，就情感的层面来说，你是喜欢处于爱之中还是处于仇恨和愤怒之中？如果你还正常的话，你自然就会选择爱。

"当我说到'爱'这个词，你很可能想到爱某个人，但是爱跟他人无关；爱是你的品质。就像健康是身体的品质，愉快是头脑的品质，爱是你情感层面的品质。如果你热爱的人不在你身边，你还是会爱他们，对吗？当你坐在这个小岛上，而你爱的人离你很远或者离开了人世，你还是继续地爱着他们。很多人只有在某个人死去的时候或者即将死去的时候才意识到自己的爱。我们总是爱那些死去的人，不是吗？"言谈中他不禁大声笑了起来。

"每个人绝对都具有爱的能力，但是每个人又都跟身边的每一件事和每一个人有瓜葛。在他的精神世界里，除了自己，他看不惯所有人。他大脑的鉴别机制无孔不入，使他不由自主地看不惯所有人。

"真诚地审视一下你自己。看看你生活中最亲近的人，看看你对他们有多少怨恨和抵制。当你看不惯某事

心灵午夜密谈

或者某人的时候,你不可能去爱。你无法爱你看不惯的。当人们以自己的判断和看法武装自己,使自己越来越失去爱的能力的时候,一种归属的内心需求驱使着他们,使他们产生了一种具有破坏性的强迫迷恋或执着。

"爱是你的品质。你只是利用身边的事或人刺激自己表达这种品质。当你充分觉察到自己头脑的二元性智能,那么爱就是你唯一的选择。爱不是你所做的,爱是你所是的。

"如果你把爱看成是一种情感,那么仔细观察一下爱的对象是什么。当你爱着某个人,你渴望跟他融为一体,所以实际上你渴望的是那个一体感。就你目前的状况而言,你感到内心有某种不满足。所以,你渴望将另一个人包容为自己的一部分。如果这种渴望以身体的形式出现,我们称之为性爱。如果它以精神的形式出现,我们就给它贴上野心或者贪婪的标签。当它以情感的形式出现,我们就称之为爱或者激情。

"爱是生命对自身的渴望。这种渴望是想要包容一切的渴望。而想要包容一切就是想要成为没有边际、不

第四章 第一夜：午夜密谈

受任何限制的。但是，通过身体、精神和情感追求万物合一的尝试注定无法得到满足，这让你始终处于渴望中。很多时候，爱让你感到已经进入万物合一的状态，但是每一次你总是跌回到无奈的现实中。

"如果一个人超越了二元性智能，"他说，"那么他就进入一种'三摩地'（Samadhi）的状态。'三摩'是平静的意思，'地'是智能的意思。这是一种超越身体、头脑和情感的合一、狂喜的状态。不论你追求的是性爱、金钱还是爱，你真正寻找的其实就是合一。当你对此基本上处于无意识的情况下，你就会始终处于渴望的状态，而无法找到真正的满足，无法找到那个终极。既然合一是你真正在寻找的，为什么不直接去找它呢？"

我默默地聆听着，思考着。我在想，既然在每一个欲望和渴求背后我们真正想要的就是那个合一，那么，我们应该借助什么样的媒介来达成它呢？看着萨古鲁全然宁静地坐在那里，我在想他是不是那个可以带领我们前往超越之境的媒介呢？他没有看我，继续说："带着你头脑中这么多的问题，你是无法走得很远的。这就好比你开着一艘小船想要到月亮上去。无论如何尝试，你

心灵午夜密谈

什么地方也去不了。你想要追逐水中的月亮,其结果是你的船不是撞在岸上,就是沉到水里。你得使用合适的交通工具才能到月亮上去。通过物质手段想要达成合一,无异于水中捞月。"

随着夜色渐渐消逝,静默越来越深地弥漫在我心中。我的思绪一次又一次地飘回到萨古鲁之前吟诵的动人心魄的密咒。伴随着篝火和夜色。每一次回想到这段咒语,我就自然地进入冥想的状态中。在这样的状态中,我感觉一身轻松,全身每一个细胞都活跃起来了,这种感觉比起我以前的修行体验都要更为强烈。就只是坐在那里,一种如此神秘的领悟降临到我身上:仿佛身处时间和空间之外,一种没有目标指向的、纯净的意识,一种无以言表的内心狂喜。它从我内心深处扩张开来,弥漫出去……

"萨古鲁,"我说,"你今晚唱诵的那个密咒在我身上很起效果。它来自哪里?是不是古代传下来的?"

第四章 第一夜：午夜密谈

"效果好并不只是密咒的作用，这个密咒只是一个媒介。实际上，它也不是从古代传下来的，"他说，"有一次我在喜马拉雅山的时候，它突然降临到我身上，不过这件事说来话长。"

"你可以跟我们讲讲这个故事吗？"在我这样的请求下，萨古鲁开始讲了起来。

"在你去年攀爬过的克达山（Kedar）上面，有一个地方叫作刻提萨罗瓦（Kanti Sarorar），人们一般不会去那里。要爬到那边可不容易。几年前我攀爬到了那里，然后坐在一块岩石上。在这里我得先告诉你一些背景知识。这是地球上第一个开始瑜伽课程的地方。据说四万多年前，世界上第一位瑜伽士，也是第一位瑜伽大师名叫湿婆（Shiva），他就在这个地方为七位圣贤全面深入地讲解了整个瑜伽体系。这七位圣贤在印度被尊称为'七圣'（Saptha Rishis）。

"我坐在那块岩石上，过了一会儿，忽然之间，我经验到的任何事情都转化为了声音。我很难用语言来形容这样的体验。在我面前的身体、山川、湖泊以及所有的一切都变成了声音。它们都以声音的形式显现。你可能知道，现代科学现在已经证明整个存在都是一种振动。

"量子理论认为宇宙间没有物质，只有能量的振动。哪里有振动，哪里就有声音，既然是声音，为什么我们听不见？答案很简单，因为你的听力被限定在一个很小的频率波段中，所以你听不见大部分的声音。

"当我坐在克达山之上的那块岩石上时，万物都以声音的形式出现，我以完全不同的方式接收到万物的信息。虽然我很欣赏梵文，但是从来没有花心思去学习，因为我的悟性相当好，所以用不着通过研读那些用梵文写的古代文献来掌握修行法则。我也不想埋首在故纸堆里。就这样，我坐在那里，我记得很清楚，当时我的嘴巴是紧闭着的，但是我自己的声音却一直在发出声响。这个声音就像对着一个麦克风，大声地唱着一首歌，而且是梵文的。而那首歌就是我本人。

"它就是我之前唱诵的那个密咒，名叫那达婆罗门（Nadha Brahma）。"

第四章　第一夜：午夜密谈

在温暖的火堆旁，我们三个人一下子沉浸到了沉思默想之中，直到萨古鲁微笑着说："谢丽尔，我们将在今天晚上继续我们的午夜密谈。这一个晚上已经不小心溜走了。"

虽然我不太想走，但是我看了一下手表，已经是早上四点了，我们不能一直待在这个小岛上。自从我们踏进夜幕登上船只进入这个小岛，整整过去了四个小时。在这四个小时中，我觉得我跟终极已经非常接近了。在那个终极处，宇宙以一种我们不知道的形式显现。在我起身离开的时候，我忽然意识到，一切似乎都比我原来想象的要离奇多了。

不过，更离奇的还在后面……

第五章

第二夜：无尽喜悦

你所有的欲望，不论是对事对人还是对权力的追求，其实都体现了一种想要包容万物于一体的渴望，一种无边无垠的内在本性一直在那里在召唤着你。

——萨古鲁

第二天醒来的时候，我发现自己还在回味小岛上的那一席谈话，心绪依旧处于莫名的兴奋之中，期待着下一次的谈话。但是萨古鲁就像他之前说的，他把自己关在房间里一个人待着。除了我们留在他房间里的水果和饮用水之外他什么都不需要，所以我和里拉决定到附近的白特沙山（Whiteside Mountain）去爬山。

白特沙山属于阿巴拉契亚山脉（Appalachians）。阿巴拉契亚山脉约形成于九亿五千万年之前，在史前时代它的最高海拔超过了六千零九十六米。该山脉由于十分辽阔，延长了其受侵蚀的周期，但是今天它的最高峰海拔还是降低了不少。据说白特沙山曾经是地球上最古老的高山之一。现在它海拔有一千五百多米，算是阿巴拉契亚山脉南端比较高的山峰之一。

第五章　第二夜：无尽喜悦

在我们开始动身爬山之际，我想到了萨古鲁对于山脉的喜爱以及他与它们之间特殊的深厚情感。他在白天做的事情一定极为重要，否则他不会错过这样灿烂的爬山好天气。不过他在上周末跟我们一起离开北卡罗来纳的时候说过，他至少会跟我们一起爬一次山，这让我感到很高兴。

背上水和点心，我们毫无顾虑地出发了。走在南部丘陵早上灿烂的阳光中，我们感到浑身轻松。头上的天空碧蓝碧蓝的，从高空到靠近地面的巨大空间里，都有蓬松的白云飘浮着，有的云朵是如此之低，仿佛触手可及。不久我们就沿着一条盘旋而上的小路，进入了一条在树林中开辟出来的林荫道，路边一些小树争先恐后地将枝干向着阳光探出头去。树林下面长满了珍稀植物，在绿色苔藓、蕨类植物以及杜鹃花中间随处可以看到盛开着的野山花。

更远处，一眼望去都是巨大的橡树、云杉和铁杉。它们巨大的枝干给山路搭出了巨大的天棚，也形成了一个个高大宽阔的庇荫处。我们走在从岩壁上开凿出来的栈道上，道旁有些岩石因为一些山溪流经其间都浸湿了。

心灵午夜密谈

这些溪流一路往下，最终融进了库拉萨加河（Cullasaja River）。经过层层跋涉，我们最后到达了顶峰，视野一下开阔了很多，我们可以看到被如烟般朦胧的森林所覆盖的大烟山（Great Smoky Mountains）全貌。这个地方有百分之四十是受保护的原始森林，在不同的海拔高度到处是倾泻而下的瀑布，它们在阳光下闪动着迷人的光辉。

正是这些美不胜收的景致才让我决定在这片高原地带买下一处住宅，这是我所见过的世界上最美的地方了。我打算让萨古鲁到这个地方至少进行一次登山游。

我和里拉在山间找到了一个僻静的地方，两个人坐下来开始聊天。我对萨古鲁高级课程班发生的很多事情非常好奇，也想对里拉有更多了解——她怎么会来到壹沙瑜伽中心做事的，以及自从她遇到萨古鲁之后发生了怎样的变化。跟多数人不同，里拉从不轻易谈论自己。她只是告诉我她来到萨古鲁身边已近十六年，她之所以来到萨古鲁这里，是因为她想要从一切限制中获得彻底的解脱和自由。但我们谈论最多的还是关于参加萨古鲁课程的人们所经历的种种深刻的身心转化。里拉认为一个人在萨古鲁带领下发生的转化，其快慢程度取决于他

第五章　第二夜：无尽喜悦

的心态是否足够开放，以及他的意愿是否强烈。我们私下决定，要在今晚跟萨古鲁讨论这些话题。

我们在下午三点左右回到了小屋。夜晚降临时，我和里拉开始在厨房里忙活起来，两个人说说笑笑，享受着准备晚餐的温馨时光。我负责做沙拉，里拉则负责烹饪，她做了一席南印度风味的美餐，有咖喱土豆泥、扁豆蔬菜、花椰泡菜、鲜辣卷心菜，还有米饭和八宝饭。

我们布置好餐桌，端上美餐，然后等着萨古鲁过来一起用餐。大约十点二十分的时候，他走下楼梯，坐到了我们的中间。他的出现带来了一种赏心悦目的宁静，每一次出现，他强烈的能量场都会令我的身心受到很大触动。

晚餐结束，我很快将餐具洗刷干净，然后就像一个部队指挥一样，将我的两个"部下"赶到了寒夜之中。这里是雨林地带，所以天气跟热带地区一样多变。白天万里晴空，阳光灿烂，到了晚上，湖面上却升起了一层浓雾，头顶上的云层也遮住了月亮和星辰。循着船只探照灯的微弱光线，加上一个我在小屋里拿出来的大手电

心灵午夜密谈

筒，凭着萨古鲁的记忆，我们在湖面上费力地搜寻着开往小岛的路。

萨古鲁一点也不受浓雾的影响，依然全速驾驶着船只。这一次，萨古鲁对速度的狂热让我既担心又放心。担心的是湖面上的能见度很低，放心的是萨古鲁的驾驶技能。不过，快速前进可以让我们很快到达目的地，尽快开始今夜的谈话。

我们将船拴在小岛上，我和里拉帮萨古鲁采集了一些树枝，他则把火堆引燃，然后我们将地毯、手电筒、薯片以及辣番茄酱从船上拿了下来，当我们安置妥当的时候，萨古鲁已经将篝火燃烧得很旺，火苗"嗞嗞"地蹿进漆黑的夜空，他面对火堆，盘腿而坐。看着这个情景，我产生了一种似曾相识的感觉。我们又来到了此地，仿佛从来未曾离开过，在熊熊燃烧的火光中，听着猫头鹰的叫声以及水波拍击船舷的声音，坐在一个像磁铁一样吸引着我的人身边，这让我产生一种感觉，似乎他存在的印记将永远留驻在地球上这个小小的角落。跟他在一起是多么美好啊！

第五章　第二夜：无尽喜悦

我们在沉思默想中坐了片刻，我想到了昨晚关于三摩地的谈话。事实上，我一直都在想三摩地的事情。我知道它是指一种喜悦和祝福的状态，但是我也知道它的含义远远超出了这个短短的定义所能涵盖的。我并不明白三摩地究竟是什么样的感觉，更确切地说，我想知道一个人怎样才能达成三摩地的境界。三摩地这个词似乎可以用于描述存在的许多不同的状态。我在萨古鲁的高级课程班上看到的那些人有没有体验到三摩地呢？它是否会带领我们走向开悟呢？它是开悟的一个滋味，还是开悟本身？它是与灵性的短暂结合，还是永久结合？它是否就是"天国就在你心中"的这种境界呢？

"萨古鲁，"我说道，"你可以跟我们再讲讲三摩地吗？我对三摩地还有很多问题。除了我读到一些相关的书籍，我还看到在印度的一个墓碑上写着'三摩地'这个词，这又是什么意思？难道一个人死了才能进入三摩地的状态吗？"我半开玩笑地这样问，因为我知道大家都说萨古鲁始终处于三摩地的境界。

心灵午夜密谈

萨古鲁大声笑了起来。他是一个机警聪明而又喜欢说笑的人。"大多数人只能在死亡的时候经历到平和与超越,"他说,"你也知道,在美国,你们会在葬礼上说'安息吧',但是这个人可能一生都跟不安和躁动相伴。你听说过那个故事吗?说一个妇女给她丈夫制作了一块墓碑,上面刻着:'安息吧,直到我们再次相逢。'"他笑呵呵地问我们,"不幸的是,大多数人只能在死亡之后才能得到安息。

"三摩地意味着一个人已经进入一个超越了身体和头脑限制的状态,而这必须在活着的时候达成,而不是在死亡中达成。所以,对那些处于三摩地境界的人而言,没有死亡这回事。死亡属于身体,而他们已经超越了身体的限制。

"你的身体不过是你累积而成的事物。它是你通过食物汲取的一块泥土而已。这个身体不过是这样一块活蹦乱跳的泥土而已,"他说着,拍拍自己的胸口,"这个地球借给你一个身体。在你我之前无数曾经活在这个地球上的人都变成了土层,所以你也会这样。这个地球会从你那里回收它借给你的每一个原子,虽然它不会计较你付不付利息。"说着,他向我们眨了眨眼。

第五章　第二夜：无尽喜悦

"如果一个人持续地在体验的程度上意识到身体和头脑只不过是他收集和积累起来的东西，那么这个就是三摩地。你是在你的身体里面，但是你并不是身体。这意味着你完全从痛苦中解脱了，因为不管什么样的痛苦，它们不是通过你的身体就是通过你的头脑才来到你身上的。一旦你的觉知力足够敏锐，能够在身体和头脑这两样累积物与真正的你之间创造一个空隙——这就结束了一切的痛苦。

"愚痴的源头在于你与你称之为的身体和头脑这两个累积物的认同和执着。你原本清晰的视野被你的认同和执着所蒙蔽。正是这个认同划分出了你我之间的界线。所有的不和谐、冲突和痛苦都根源于此。当你将所有这些界线清除之后，你就进入了三摩地的境界，这样你的视野就超越了障碍之墙。

"三摩地是通向开悟的一个中转站，但是它本身并不是开悟。待在这样的境界中无疑加强了你对自己无边无际本性的认知，因为你对'什么是真正的你而什么不是'看得很清楚。然而，虽然一个人可以在达成并享受这样的境界的情况下，依然无法领悟存在的本质，或者从生命的强迫性一面获得解脱和自由。"

"我在想,在壹沙瑜伽课程班上我看到一些人坐在那里,泪流满面,几个小时地处于狂喜的状态,这些人是不是处于三摩地的境界呢?"我问道。

"是的,你在高级课程班上所见证到的确实是各种程度的三摩地境界。三摩地是一种祥和的状态,其中一个人的智能已经超越了通常用于区分辨别的功能。一旦具备这样的智能,那个什么是你和什么不是你之间的边界就崩塌了。

"一位上师的意义和目的就在于他能解除你的限制。在我身边,你会对自己身体和心理上的需要失去兴趣,因为我的能量状态可以将你从中提升出来,或者在你与你的身体和头脑之间制造距离。任何我所做和所说的就是为了达到这个目的。一旦你允许我的能量渗透到你的内在,你就会处于三摩地的境界。你在这样的境界中走得多深取决于你允许自己走得多深。我所有的谈话就是要诱导你允许我进入你与你的身体和头脑之间。

第五章 第二夜：无尽喜悦

"很多人在我走进他们的空间的那一刻就进入了狂喜的状态，即便他们闭着眼睛，甚至在他们没有意识到我的出现的情况下也是如此。"

我亲眼看到过这种现象。我的很多朋友曾经陶醉在这样的狂喜中，以至于后来他们不得不被像小孩一样地看护起来，或者像醉酒一样需要别人的辅助才行。但是这样一种狂喜的陶醉状态令我产生了一种想要去亲身体验的渴望。这样的情况之所以没有发生在我身上，不是因为我心态平衡或者稳定，而是因为我内心的不安全感和对失去控制的恐惧，这一点对我来说，起初是很难认识到也很难接受的。要我全然放弃自己会令我很不舒服，而萨古鲁和在壹沙的其他人在那里都能够放松地歌唱、舞蹈，尽情地享受每一个当下。萨古鲁跟我说得很清楚，我所认为的控制实际上是压抑。

"但是，一个人在已经达成并享受这样的境界的情况下，却可能依然无法领悟到存在的本质，也不能获得完全的解脱。你或许通过十二年静坐达成了三摩地，虽然你可能跟开悟靠近了一点，但是也可能还是没有开悟。当你进入另一个现实，在那里待了几个小时甚至几年时间，你对原有世界的执着就被打破了，知道原有的世界不是唯一的现实。长时间的静修就是为了完成这样的领悟。

"这样一种境界对瑜伽士而言并不陌生。所有修道传统中的神秘家及圣贤都曾经经历和描述过这样的境界。有形者必须臣服于无形者，才能达成与道的合一。"

"在壹沙瑜伽中，"萨古鲁说，"我们创造出一个强有力的能量场空间，让人们在其间很自然地进入三摩地。这些三摩地充满着祝福和狂喜。当然还有其他一些超越于它们的三摩地境界。

"一旦你从你认为的你那里解脱出来，你就会尝到创造以及创造者的喜悦滋味，这样的喜悦为你超越身体，经历更深层次的领悟打下了基础。它也是真正的爱和慈悲的基础。

"一个一直为自己的痛苦而烦恼的人永远不会了解真正的爱和慈悲。只有当你不再为自己操心，你才能真正地去爱。"

第五章　第二夜：无尽喜悦

"但是，萨古鲁，"我问道，"爱难道不是给予和接受吗？"

萨古鲁轻轻地摇了摇头说："爱既不是给予，也不是接受。给予和接受不过是你满足自身需要的一种安排和计划罢了。你有各种各样的需要，身体上的、精神上的、社会方面的、财务方面的，等等，满足这些需要是你生存的一个组成部分，但是这不是爱。"

"我跟你讲过那个公园美女的故事吗？"萨古鲁微笑着问我。他在分享讽刺故事的时候毫不掩饰自己的快乐，而他的故事中往往观点鲜明，寓意深刻。我向他示意说我没有听过这个故事，他就开始讲了起来。

"有一天下午，有一个叫山卡拉·皮莱（Shankaran Pillai）的人来到公园里，他看见一个美女坐在公园的长凳上。他就也在长凳上坐了下来。几分钟后，他向那个美女靠近了一点，那个美女就往外移开一点，他就再靠近一点。她越移开，他就越靠近。最后美女将他推开了。他就双膝跪地说：'我爱你。我从来没有像爱你那样爱过任何其他人。'

心灵午夜密谈

"你也知道,女人在爱情上有时候是盲目的。他们之间就这样擦出了火花。但是到了傍晚七点四十五分的时候,他却对她说:'我得回家了!'她说:'什么?你要离开我?你不是说你爱我吗?'山卡拉说:'没错,但是我太太在家里等我呢!'"

萨古鲁笑了起来,我倒并不觉得这个故事有多好笑。他接着说:"如今'我爱你'已经成了一个魔咒,就像'芝麻开门'一样。你只要说出这三个字,你就可以得到你想要的东西。其实这里的'我爱你'真正的意思是'我想要满足自己的一些需要'。

"当然,每个人都有一些想得到满足的需要,这没有对错之分。只有看清这一点,你才有可能开发内心真正的爱。在爱这件事上,最重要的是要对自己保持诚实,不要自欺欺人。事实上,只有当你将别人的幸福作为你思想中最重要的事情看时,你才会品尝到爱的滋味。否则的话,你最多是在做一桩双赢的交易而已。在这样的情况下,如果你的需要得不到满足,你所谓的爱也就消失不见了。

第五章　第二夜：无尽喜悦

"爱可以使你的人格面具溶解，让你从自己的限制中挣脱出来，所以，爱可以成为超越之门。

"你前面问我是否存在神圣之爱，事实上，爱始终是神圣的。当你被爱打动，你身在当下，心却进入了神圣之国。

"然而，如果你问上帝是否爱你——你知道很多人宣称上帝爱他们。这样的宣称让人觉得只有上帝才爱他们。他们让自己只配得到上帝的爱，因为没有人爱他们。让别人无法不爱你才是有意义的。如果处于只有上帝才爱你的境地，那不是很惨吗？不是吗？"他一边问一边大笑了起来。

"耶稣说'爱你的邻居'，爱你的邻居并不是说跟你隔壁的男人或者女人坠入爱河，'邻居'的意思是当下在你身边的那个人，不管他是谁。这样的爱才表明它是你的一种品质。爱跟其他人没有关系。这样的爱就像鲜花散发的芬芳一样，自然而无私。道是一体的，你怎么可能爱这个人而恨另一个人呢？"

心灵午夜密谈

"这么说，爱是融入一体的一条道路？"我问道。

"有很多途径可以进入终极一体的境界。爱是其中一条途径。通过强烈的情感体验可以让你达成一体，通过敏锐的觉察力也可以达成。呼吸也可以，因为呼吸本身就是你跟存在的一种交融。有许许多多途径，通过瑜伽修行也是途径之一。一般而言，我们通常喜欢谈论爱的途径，因为这个途径比较轻松愉悦。但是，你也应该注意它的弊端，在爱的途径中，你可能会沉溺其中而无法深入。

"很多时候，人们会说爱就是上帝，他们满足于此。他们满足于此，不想更进一步。他们只想待在那一点点愉悦之中。我希望你可以理解这一点。你寻找的不是性、爱或者抱负——虽然它们会让你体验到一些愉悦。总之，爱只是通向喜悦和祝福的通途而已。"

他偏着头看着我，双目炯炯地等着我的下一个问题。我注视着眼前的火苗沉默了片刻才开口问道："这么说，你所说的爱跟喜悦不是一回事？"

第五章　第二夜：无尽喜悦

"谢丽尔，请你仔细想想。你想要爱某个人的原因是爱带给你某种喜悦的感觉。但是，你无法一直处在这样的感觉里。有些时候你处于喜悦之中，但是另一些时候你还是处于焦虑和痛苦当中，有时候你还会沮丧。所以，爱并非喜悦。爱或许会带给你一些喜悦的片刻，性或许会带给你喜悦的片刻，实现你的抱负或许会带给你喜悦的片刻。所有这些只不过是让你短暂地品尝到喜悦的工具而已，一旦你真正处于喜悦之中，所有这些以前你生活中的高峰体验，比如性、爱，等等，都会变成幼稚可笑的孩子气的玩意儿了。我想让你像我一样处于全然的狂喜与陶醉之中。"

我想起了自己读到过的罗摩克里希那（Ramakrishna Baramahamsa）说过的一段话："喔，你这个孩子，当我身上每一个毛孔都处于喜悦之峰的时候，你却在追逐女人和黄金。"我猜这段话跟萨古鲁说的是一个意思。

"如果你处于全然的喜悦，你还会追逐性和爱吗？答案是：你会顺其自然，做你想做的。这并不是说你没有能力去做性啊、爱啊或者抱负啊这些事情。你依然能够做这些事情。只是你之前之所以追逐这些，是因为你

心灵午夜密谈

不知道如何处于真正的喜悦之中，而喜悦正是你的本性。你想要喜悦，而喜悦就是你的本性，你却在外面追逐它，你一直在兜圈子。

"你所谓的性、爱、抱负或者贪婪不过是生命渴望通过它们来追寻其自身。你所追求的就是想拥有更丰富的生活。你在生活中做的每一件事无不出于这个目的。这是生命想要全面地涵盖和完整地了解自己的渴望。

"无论你是否意识到，你始终相信只要自己变得更多一点，你就会感到满足。一旦那个更多一点实现了，你还想要更多一点。你的渴望瞄准的其实并非人、物或者权力。你渴望的是无边无际，你渴望的是你自己的本性的实现。

"你有没有发现，你内心深处并不喜欢受到限制？即使自我保存的本能迫使你不断地创造和维护着自己的界限，但是你其实并不喜欢界限。你的内心深处有一种冲动想要超越界限，去了解和拥有更丰富的生活。但是怎样丰富的生活才会让你满足，停止追逐呢？"

第五章　第二夜：无尽喜悦

"无论何时，也不管我的生活多么精彩，没有什么可以让我彻底满足，安下心来。"我答道。

"即使我让你成为整个地球的女王——别担心，我不会犯这样的错误——你难道不会到其他星球上去追逐吗？"

我发现里拉正歪着头打量着我，仿佛我就是一个地球女王一般，我不禁对她莞尔一笑。萨古鲁则继续他的话题说："仔细想想，你的欲望真的只是为了金钱吗？还是为了扩张自己？或许你追求的是金钱、快感、财产、爱，这个或者那个，不管是什么，但是从根本上来说，你追求的是扩张。不论你做什么来满足自己的欲望，但是你的欲望始终得不到满足，它总是在追寻一个又一个目标。

"假如你意识到欲望只是一种对扩张的追求，那么，你想要扩张到什么时候呢？你什么时候才会到头呢？你想要成为无限的欲望是你内在灵性的表达，但是它寻找的却是无意识的表达形式。

"当你无所限制的本性陷入了你有限的身体中的时

候，欲望就产生了。正是因为欲望，才会有灵性的追求，因为欲望想要变得无限。如果这个想要无限的欲望在追寻无意识的表达形式，我们就称之为世俗的物质主义的生活，同样的欲望，如果它在追寻一个有意识的表达形式，那么，我们就称之为灵性的生活。但是两者的本质是一样的。前者是闭着眼睛追寻的欲望，后者是睁着眼睛追寻的欲望。你必须选择其中一个。所以，你愿意选择闭着眼睛还是睁着眼睛行走？答案很明显。即便你睁着眼睛走路，还是会碰到陷阱和障碍。但是如果你闭着眼睛走路，你甚至连路都找不到。

"你在追寻无限的扩张，那就有意识地追寻。如果你无意识地追寻，你的生命就被浪费掉了，就像你曾经做过的很多愚蠢的事情一样，对你不会有任何意义和帮助。

"有意识地追寻扩张并不会限制你做任何事情，注意，你做什么事情，穿什么衣服，吃什么东西，都跟灵性成长无关。你是否有意识地、有觉知地生活才是重要的。它跟你做什么事情无关，而跟你做事时处于什么样的意识层次有关。

第五章 第二夜：无尽喜悦

"我祝愿你睁着眼睛过日子。"

这也是我对自己的祝愿。萨古鲁出现在我生活中，令我充满感恩之情。很难相信在我认识他的这样短的一段时间内，我已经发生了这么多的变化。正听着萨古鲁讲话时，我注意到随着树丛中一阵风吹过，树木一时都摇晃起来。抬头一看，只见乌云密布，看样子随时都可能下雨。

"当我说'内在工程'的时候，"萨古鲁继续说，"我讲的是将你内在基本的喜悦释放出来，让它表现出来。它之所以没有表现出来，是因为你的身体、精神和能量还没有很好地协调起来。如果这三者能够充分协调起来，那么内在的喜悦就会自然而然地表现出来。一旦它渗透到你身上的每一个细胞，你就不再被性、爱和野心所充斥。你并没有丧失享受它们的能力，但是你已经超越了这些。你依然是这个世界的一部分，但是你已经跟道有了交流，这会让你处于一种丰盛而喜悦的境界。这样的丰盛和喜悦就是你企图通过金钱、权力、性、爱和上帝——不论你使用什么样的手段——想要寻求的。你所寻求的就是将自己的生命体验提升到终极的可能性。"

心灵午夜密谈

萨古鲁讲完之后,大家都处在沉默中。我想,身处人性的巨大海洋中,我们都在不断地寻求着什么,奋斗着什么,一次又一次地跌倒,一次又一次地爬起来。想到这些,我渐渐开始明白,所有这些渴望和寻求都只是生命试图发现自己本性的无意识的表现。面前的火堆噼里啪啦地作响,那些木块就像我那些迷乱的思想一样在火焰中燃烧殆尽。我知道我懂的很少。事实上,跟萨古鲁相处时间越长,我就越感到自己对生命中的重要事项了解太少。我发现我们大多数人是怎样地执着于自己的思想、观念和情感,因为我们对生命的真相和真爱并不了解。虽然一直以来我都把自己看作一个真理的追寻者,但是我连生命中的最简单的事实都看不清。为了缓解自己内心的不安,我以自己错误而执着的理念来生活。对于生命的真相,我还一知半解,甚至可以说是一无所知。

当我将萨古鲁对于生命与死亡如此深入的参悟与我自己对此的认识相对照时,我禁不住想问他,他是怎样获得这样清晰的参悟的。我想知道他是怎样变成今天这样一个人的。所以我请他讲讲他这一生的故事以及他是

第五章　第二夜：无尽喜悦

怎么开悟的。虽然我读过一些关于他的故事，但是还是希望能直接听他讲他的故事。

他讲起他的故事就像它们是昨天发生的一样。我和很多人一样，对他超强的记忆能力印象深刻，他能轻松地记得几千个人的姓名以及他们的生活琐事。他以这样一句话开始了他的讲述："其实我从来不曾是一个孩子。当我回头看时，我能清晰地记得在我身边发生的每一件事。我甚至记得在我还是婴儿时发生的事情。我清楚记得那个房间的布置是怎样的，当时谁在房间里，他们说了些什么，以及他们穿着什么样的衣服。当我详细描述我在三到六个月大的时候看到的事件和听到的对话时，我的母亲惊诧不已。当我还是一个小孩的时候，我就用我现在的思维方式来观察事物了。

萨古鲁说他小的时候人们叫他"加吉"，是他原名"加吉迪什"的简称，许多年之后他才使用我们现在熟知的名字。他说他是一个沉默而快活的小孩。同时，他又非常独立。他不喜欢被娇生惯养，很早起就开始自己走路，那时他的哥哥还只能被人抱在怀里呢。他看上去比他的年龄要老成和聪明多了，他的朋友和家里人有什么事常

心灵午夜密谈

常去问他，甚至他的母亲也向他倾诉烦恼，当母亲意识到自己的所作所为时，她不禁会这样问："天哪，我怎么会跟你说这些？你还是一个孩子呢。"

事实上，作为慈爱细致的年轻妈妈，加吉的母亲常常对他的言行感到惊讶和困惑。有一次在他十一岁的时候，就发生了这样一件事，他清楚地记得，他母亲不知出于什么原因，向他表达了对他的怜爱之情。他说，这种事情在那个时代很少发生，因为多数印度妈妈全身心为孩子操心，所以她们对孩子的爱是显而易见的。把她们的爱说出来是不常有的事情。

当母亲向他述说的时候，他问了母亲一个在他看来简单而合理的问题："假如我出生在隔壁，是别人家的孩子，你还会这样爱我吗？"她沉默了，然后满眼含泪地走开了。这在他看来无伤大雅的问题伤害了母亲的感情。

半个小时后，母亲眼里含着泪水回到他身边。一声不响地，她触摸了他的双脚，然后又离开了。加吉意识到自己伤害了她，但是在潜意识里他知道，她过来是想

第五章 第二夜：无尽喜悦

感悟他提出的问题背后的道理。他很清楚，如果他是一个出生在邻居家里的孩子，母亲不会像现在这么怜爱他。他也知道，这样说让母亲内心受到冲击，这会让母亲重新审视她对孩子的爱，以及她对丈夫、父亲、母亲的爱。

在他的家庭成员中，唯一不对他的言行表示惊诧的是他的外祖母，外祖母十分喜爱他，有他的陪伴，外祖母常常沉浸在喜悦的舞蹈之中。家里很多人觉得外祖母有些古怪，有些疯疯癫癫的，但是他不这么认为。他深深爱着外祖母，被她所吸引。她会边唱边跳，尖叫着将鲜花用脚踢给众神——这绝对是亵渎神灵的行为，但是她却乐此不疲。当他问外祖母她在做什么的时候，外祖母会说："终有一天你会知道！"外祖母一直活到一百一十三岁。

毫不奇怪，加吉脑子里有太多的问题，所以他很难安静地坐在学校的教室里。他知道老师只是在做他们的本职工作，他对讲课的内容不感兴趣，因此他常常逃学去爬山或者旅行。尽管常常缺课，但是考试对他来说并不困难。他能轻松快速地浏览课本，学会所有那些应付考试的知识。

心灵午夜密谈

大约在十岁之后，加吉常常去那个最终在那里开悟的地方爬山。它叫作查蒙迪山（Chamundi Hill），坐落在美丽的迈索尔，他就是在那里出生和长大的，他的家族也一直生活在那个城市。对他和他的朋友来说，那座山就是他们的摩托车赛场和一个聚会的场所。他甚至后来还在那里召开过商务会议。但是有时候，当他一个人出行的时候，他会选择到另一个森林茂密的区域，在那里一待就是好几天。他随身带着几片面包和偷偷煮的鸡蛋，帮他度过那几天独处的日子。

他经常不经允许出去远行，因为他知道他们不会准许，但是他总是会给父母留一个纸条，告诉他们他什么时候回来，而他总能在他说的那一天回到家里。当他消失在森林里时，他所做的就是在树顶枝头上行走或坐着。经过一段时间之后，他会处于一种全然喜悦的状态，直到他长大之后他才意识到当年自己在森林里所做的其实就是修行。许多年之后，他开始教别人通过旅行来修行。

他常常背着在森林里抓的一大袋蛇回到家，因为他非常痴迷于蛇这种动物，喜欢去捕捉它们，而且也很善于捕捉。（当他长大成人之后，他才意识到这种对蛇的

第五章 第二夜：无尽喜悦

痴迷其实是潜意识中很早就延续下来的。）

在周围大多数人看来，加吉被认为是一个非常特别的孩子，既神采奕奕而又很安静，极少说话。当他开口说话，人们都会竖起耳朵认真地听他说什么。他也是一个野性难驯的孩子。当他消失不见的时候，他父母常常为此惊慌不已，一旦他回到家，他们会不断地训斥他。可以想象，他们对他背回来的一大袋蛇也感到惴惴不安。唯一让人放心的一点是，他总是会在他说的时间内准时地回家。

当加吉问父母索要出行购买面包和鸡蛋所需要的五六个卢比的时候，他的父母总是想方设法不给他，但是他自己总有办法。父亲对他几乎完全失望了，他不知道如何对待这个陌生的儿子。他常常将头埋在双手中哀叹："什么样的事情会发生在这个孩子身上？我们能对他做什么呢？他毫无顾忌，根本不知道什么叫害怕。"

长大后，加吉依然对学校的正规教育不感兴趣。"我

心灵午夜密谈

只要读一下课本就能掌握相关的知识,并且当时通过了大学入学前的所有考试,"萨古鲁说,"但是,我还是宣布自己不想进大学读书。我父亲是一位杰出的物理学家,他想让我成为医生。家里想方设法劝说我去读大学,但是被我拒绝了,我跟他们说,我宁愿自学。

"虽然家人竭力反对,但我还是没有入学。相反,那一年大部分时间我都是在图书馆里度过的。每天一早,图书馆还没有开门的时候,我就等在那里。一整天我都待在图书馆里,直到关门。我非常投入,几乎整整一年时间我都没想到过要吃午饭。那年我学到的要比进大学读书多得多。从物理到哲学,从地理到历史,从文学到机械工程,我阅读了各种各样的科目。就在那一年,我喜欢上了英国文学。

"我身边每个人都对我不去读大学大为生气,所以在第二学年开始的时候,我的母亲还是设法哄骗我进了一所大学。然后父母又劝说我读医药专业,或者他们可以退一步让我读工程专业,但都被我拒绝了。我决定说如果我去读大学的话,我要读英国文学。他们问我,拿这样一个学位对我有什么用——难道以后整天靠朗读诗

第五章 第二夜：无尽喜悦

歌来过日子吗？但我毫不在意，因为我从来没有想过用所受的教育来谋生。"

可以想象，加吉也并不能温顺地坐在文学课堂上。他发现教授们都照着备课笔记来上课，遂请求他们允许学生复印备课笔记，这样学生就不用浪费宝贵的时间和精力坐在课堂上了，教授们也不必浪费时间和精力朗读笔记了。教授们虽然很不高兴，但是因为加吉的成绩非常好，所以他们允许他在剩余的学年内按照自己的需要来听课，来不来上课都没有关系。

"所以我就自己坐在学校的花园里，"萨古鲁说，"从那个时候起，人们开始过来跟我讲述他们碰到的烦恼。我很惊讶地发现，每个人都有这么多的烦恼。这样的事情是自然而然地发生的，我自己并没有计划要做这些事情。"

事实上，加吉几乎等于在大学校园里开了一个心理诊所。虽然他自己并没有什么烦心事，但是他对那些心怀烦恼的人相当同情。

毕业的时候，加吉一下子写了十五篇论文，获得了很高的评分。父亲看到儿子的成绩这么出色，感到很开心，便叫他继续念硕士。加吉没有答应。他已经厌倦了读书，何况他早已经自学了硕士课程的所有内容。父母虽然为此伤心了很久，但他们最终还是放弃了在教育方面对孩子的期望。在接下来的本来用于进修硕士课程的两年时间里，加吉想办法挣了不少钱，以满足自己外出旅行的需要。

他说："我喜欢没有任何计划地出去旅行和探索。边境关卡是能够限制我旅行范围的唯一因素。那个时候我已经骑着摩托车游遍了整个印度，还想着要周游全世界。"

在加吉二十五岁之后的某一天，在他所钟爱的查蒙迪山上，命运以一种不同寻常的方式在他身上发生了逆转。

那天下午大约三点他来到了山上，停好摩托车，在一块缝隙中长着一棵莓果树的大岩石上坐了下来。他坐的时候是睁着眼睛的，但是事情突然之间起了变化，他开始变得无法分清自己与周围事物的边界。"我从小到

第五章 第二夜：无尽喜悦

大一直认为这就是我，"他用手指指自己说，"但是那时候突然之间我呼吸的空气，我坐的岩石，围绕着我的大气——所有的东西都变成了我的一部分。"

"对此，我讲得越多，听上去就越古怪，因为这样的事情没法用语言来形容。我变成了一个巨大的存在，遍布所有。

"我原以为这种情况大约延续了有几分钟，但是当我回到正常意识的时候，发现其实已经是傍晚七点三十分了。当时我的眼睛是睁着的，太阳已经落山了，天色一片黑暗，我是完全清醒的，但是我通常认识的那个自己在那段时间里消失了。

"我就这样坐在一块岩石上，泪水一直往下流，直到我的衬衫都湿了。我处于极度的狂喜中，但是并不知道自己身上发生了什么。当我试图理性地看待这件事的时候，我唯一能告诉自己的就是我可能已经失去了身心的平衡。那就是我的头脑唯一能告诉我的。我对灵性上的体验一无所知，我从小也不是在任何灵性传统中长大的。那个时候的我满脑子装的都是欧洲哲学、陀思妥耶

心灵午夜密谈

夫斯基、加缪、卡夫卡,以及诸如此类的东西。

"当然,我是在二十世纪六十年代长大的。我熟知的就是披头士摇滚乐和蓝色牛仔裤。但是在那个时刻,我就好像整个人都爆炸了,我根本不知道发生了什么。这种体验真的无与伦比,我不想失去它。"

萨古鲁说,在查蒙迪山上的这个事件发生之后大约六天左右,他再次经历了这样的永恒时刻。当时他跟家人坐在餐桌旁,以为自己坐了一两分钟时间,但是实际上他待在那里有七个小时,处于完全清醒和觉知的状态,一切依旧,唯有他原来熟悉的那种自我感消失了。

后来,这种无时间性的失去自我感觉的现象更加频繁地一再发生。每次发生,萨古鲁都不吃不睡好几天。最长的一次有十三天。他不知道这是一种什么现象,也不知道该如何称呼这种现象。

他的一切都开始发生了改变。他了解和体验生活的方式戏剧性地发生了改变。甚至他的身体状况也变了——他眼睛的轮廓、他的嗓音、他的身体结构都变了。这些变化

第五章 第二夜：无尽喜悦

是如此显著，以至于他身边的人都能明显地觉察到，知道他正在经历某种巨大的转变。大约在八个星期之后，他开始能够持续地处于这种三摩地状态中。从此之后，在他眼里的每一个人和每一件事物都成了他自己的一部分。

在能够持续地了悟和经验到这样万物一体的狂喜状态之后，当他看到其他人处于种种痛苦的局限中，而没有意识到他们也具有跟他一样的巨大可能性的时候，他常常无法抑制住自己慈悲的泪水。在这种心情下，他慢慢开始下定决心，放弃自己的安逸，冲破所有个人的考虑，一定要将自己的体悟传递给尽可能多的人群。正是出于这样的慈悲和决心，他才最终创设了无数威力强大的方法，引导人们走进更高的意识状态，萨古鲁把这些方法创造性地称作"内在工程"。

他说，后来他开始渐渐地适应了这样一种全然喜悦的状态，也能够更好地处理自己的慈悲心。但是在一开始，他很不稳定，因为能量总是在寻求机会表现自己。而当那个不受限制的存在在他身上贯通之后，他就无法压制住它。大道降临到你身上，那可绝不是小事一桩。

心灵午夜密谈

那时候，加吉早已创立了几个做得非常成功的企业，但是在他经历到这样全然喜悦的状态之后，他发现自己具有透视别人心思的直觉能力，他感到他这样可能会因此在做生意时占了便宜，他不想这样，所以决定离开商界，放弃那些他白手起家辛辛苦苦创立起来的企业。他开始到处旅行，不久，他发现自己过去的那些遥远记忆开始慢慢地在他意识中苏醒过来。

"我是一个怀疑主义者，我不愿意相信任何听起来荒谬的事情，"他说，"我不是一个相信那种事情的人，我甚至都不愿意走进任何一座寺庙。我不愿意相信任何我不能亲眼看见也无法理解的事情。我开始追踪所有来到我记忆中的事情。我会跑到那些似曾相识的地方去考察。我会先去见相关的人，对所有记忆中的事情以质疑的态度进行分析。虽然我所回忆起的事情都像白昼一样清晰，但是我的理性思维却无法接受他们。所以我想尽一切办法去验证这些回忆。

"从那时候开始，为了表达上师对人类的慈悲之心而创造一种具有无限可能性的能量形体，成了我生活中唯一重要的事情。要创造这样一种能量形体涉及复杂的

第五章　第二夜：无尽喜悦

内在历程以及许多不可思议的外在突变。所有见证这个历程的人都知道这究竟是怎么一回事。这个事情听起来比童话还要离奇，其他人都无法相信。如果别人告诉我这样一件事情，连我自己都不会相信。但是这就是我能用语言所能告诉你的一切。"

随着萨古鲁那洪亮的嗓音陷入沉寂，空气中涌动着一种不可捉摸的密集的能量，令我几乎喘不过气来。在印度的时候，我曾经在萨古鲁的修行圣地中感受过这种能量。这种能量形式被称为"迪亚纳灵伽"（Dhyanalinga），它是一个巨大的圆形柱结构，包裹在一座直径约二十三米的圆顶建筑内，该建筑是由烧制的砖块、泥浆和其他传统建筑材料所建成的。我很想了解更多这个能将人引入深深宁静状态的神秘结构。

在静寂中坐了片刻，我开始将自己脑海中的问题提了出来："为什么建造'迪亚纳灵伽'成为你生活中的重要事项？"

心灵午夜密谈

萨古鲁打趣般地朝我点了点头。"如果你真想知道这些问题的答案，"他看了看手表，又看看正在熄灭的火堆，说，"我们不得不将故事回溯到很久以前……"

仿佛呼应他的话语似的，天气一下子变了，粗大的雨点突然之间开始砸落在火堆上，发出"嗞嗞"的声响。当我和里拉起身奔跳着跑向船只的时候，萨古鲁笑开了。他跟我们上了船，我想伸手去扭动插在点火器上的钥匙的时候，他轻轻地挡住了我的手。

"你看看湖面，"他说。除了雨水，湖面上雾气很重，三十厘米之外我们看不清任何东西，前面就像横着一块不可穿透的厚重幕墙一样。"你打算怎么开船？与其花费工夫找路，不如让我们就在船上睡觉吧。"

当我正想开口抗议时，他微笑着安抚我说："明早太阳升起的时候，我们可以很快回到家里。今晚我们何必操这份心呢？你有毯子在船上呢，船上的顶篷足可以为我们遮风挡雨了。休息吧，明天一早我们就可以回家了。"

我是一个非常顽固的人。因为我对这片湖很了解，

第五章　第二夜：无尽喜悦

觉得自己可以将船开回家，所以我一定要尝试一下。结果在浓雾中经过三四十分钟无望的努力之后，最终我还是放弃了。萨古鲁是对的，没办法在这样的湖面上开船。要么一个晚上不睡，到处在迷雾中找路，要么就消消停停地在船上睡一觉。

我们关掉引擎。我和里拉两人蜷缩在毯子下面，就像家里的两条小狗一样。萨古鲁则仰面躺下，一会儿就睡着了。

就这样，我跟萨古鲁在一起的第二个晚上延续到了沉闷而潮湿的黎明时分。入睡之前，我还在想，究竟为什么对他说的哪怕最简单的事情，我的内心还是在抗拒呢？

在早上的第一缕亮光下，里拉唤醒了我。船已经颠簸到了岸边。她要我查看一下船有没有受损。我看了一下，船没有什么问题。我们已经睡了几个小时，起床环顾四周的时候，雾气还是没有散去。

心灵午夜密谈

我和里拉在侦查环境的时候,发现萨古鲁还好好地睡着呢,还是保持着入睡时的样子,姿势一点也没有改变。我跟里拉说,我们没有很好地照顾萨古鲁。她点了点头,说:"我知道,但是不要告诉其他人。"

第六章

第三夜：瑜伽密意

我们需要的是更多的佛陀，更多的耶稣，更多的克里希那——真正的、活生生的悟道者。只有这样，才能真正改变一个人。而佛性是每个人本自具足的。

——萨古鲁

第二天早晨，湖面上的浓雾并未褪去。我和里拉被不寻常的一夜折腾得有些疲倦。而萨古鲁却像往常一样，每次起床的时候都是焕然一新、精力充沛的样子。

此时已是六点十六分，太阳已经慢慢升了起来，但是云层还是很厚，三十厘米之外我们还是什么都看不清。不过，我们倒一点也不惊慌，反而感到十分神奇。湖面上只有我们三个人，我们被浓浓的白色雾气包围着。船搁浅了，与几个小时前我们离开小岛的时候相比，我们并没有更靠近家里。我们重新出发了，感觉似乎昨夜的暴风雨根本没有发生过。

我想起了昨天晚上我问萨古鲁的最后一个问题，我问他是怎么变成现在的这个他的。我暗下决心一定要问个水落石出，所以我重新将我的问题提了出来：他是怎

第六章　第三夜：瑜伽密意

样获得解脱的，瑜伽在其中扮演了怎样的角色？

萨古鲁说："瑜伽是在很久以前走进我的生活的……"

当萨古鲁开始讲述的时候，我和里拉仿佛再次踏上了这段通往神秘世界的非凡旅程。坐在被白色浓雾所围绕的岸边，我感觉自己就像身处遥远的古代，这样的布景仿佛是特意为配合这个故事而设置的。

萨古鲁说，在两个世纪以前，有一个终极真理的虔诚追寻者。他在十七岁的时候离开了家，成了一个到处流浪的苦行僧。为了追随斯瓦瑜伽的修行传统，他步行游历了整个印度南部。后来他成为一个瑜伽士，以斯瓦瑜吉的名字而为人所知。

他将一生的时间全部投入到追求开悟和解脱之中。在通往解脱的道路上，他并非一帆风顺，他经历了许多常人难以想象的修行困境，并且常常食不果腹。他的专注投入最终使他成为颇有成就的瑜伽士。

心灵午夜密谈

斯瓦瑜吉走过许多地方，尝试过很多事情，也忍受了很多次饥饿，经历过很多身体上的折磨。最后他在各种各样的技艺和瑜伽中都获得了成就。虽然如此，最终的悟道却始终与他无缘。

萨古鲁讲到这里的时候，我又问了他一个问题。因为今天他很强调瑜伽是达成自我转化的重要手段，所以我很想知道斯瓦瑜吉当时修行的瑜伽术的细节。他回答说，当初怎样进行瑜伽修行并不重要，因为斯瓦瑜吉那个时候并没有完全从束缚中解脱。但是通过精通克利亚瑜伽（Kriya Yoga），斯瓦瑜吉获得了某些超能力，使他可以长时间地不用饮食。同时，还拥有超强的洞察力，能够洞悉任何人的过去、现在和将来。但是，他始终无法达成终极的了悟。

在将近四百年之前的十七世纪早期，在印度中部，有一个名叫比尔瓦（Bilva）的年轻小伙子。

萨古鲁说，比尔瓦相当野性和强悍，他拥有一种读懂别人心灵的能力。比尔瓦对蛇也有一种特殊的爱好。当时他是一个原始部落的耍蛇人，在那个时候，耍蛇人

第六章　第三夜：瑜伽密意

被认为是能跟神灵互通信息的人，所以地位很高。他们兼魔术师、治疗师和算命师于一身。

至今，有些部落依然精通这种耍蛇的艺术。有一次我在印度旅行，就很惊奇地目睹了一个耍蛇人的表演。在一座寺庙外面，有很多游客，还有各种各样的人在那里兜售蔬菜、衣服、工艺品以及其他很多小商品。当时我站在一个有利的位置，正好看到了这个奇异的场景。一个头发很长、袒胸露乳的印度男人坐在一张毯子上，嘴里念念有词，当他开始缓缓地拍击自己的双脚以及地面的时候，有一些蛇就从野地里缓缓地向他爬了过去。不到半小时，已经有十几条蛇爬了过去，其中包括眼镜蛇，他把它们都收进了袋子。当时我简直不敢相信自己的眼睛，我想这种吸引和召唤蛇的能力背后一定有某种超自然的知识。

比尔瓦对于蛇的灵通是他个性中驱使他追求更广阔的灵性力量的一个因素。他是一个富有反抗精神和叛逆个性的二十多岁的年轻人，正因为他的叛逆行为得罪了某些人，他的生命在很早的时候就结束了。他被绑到一棵树上，那些人放出一条眼镜蛇来咬他，眼镜蛇的毒液

心灵午夜密谈

含有强大的溶解毒素，能快速地摧毁身体组织，引起大出血，并会令肛门崩裂。

比尔瓦非常了解蛇，知道被毒蛇咬一口会产生怎样的后果。毒液开始在他身上流通，在他马上就要死去的时候，他用力锁住了他的肛门——用瑜伽的语言来说，叫作"海底轮"（Mooladhara Banda）——他把注意力集中在呼吸上。比尔瓦并不是有意识地运用这种呼吸观照的瑜伽技术，他不自觉地去观照呼吸，因为他想要尽量死得有尊严，而呼吸是他当时唯一可以控制的。所以当这个年轻人在经历剧烈的痛苦时，他开始观照自己的呼吸，结果，他以一种超强的生命强度，挺过了他生命的最后几分钟。他是在一种全然的觉知中死去的。

萨古鲁说，比尔瓦的呼吸观照是上天给他的一道启示。

当萨古鲁讲斯瓦瑜吉和比尔瓦的故事的时候，我注意到在一片盘旋着的雾气中，他的内在处于深深的宁静之中。他看上去就像一尊古老的铜像。他的眼睛仿佛穿透了我们当下的存在，看得比我们更远更深。

第六章　第三夜：瑜伽密意

我面对萨古鲁坐着，他是那样的安静，仿佛是一汪深不可测的池水。那个时候我想到了人的生死。我曾经觉得"轮回"要比只活一辈子更有意思。后来我读了一些书，最终我当初对于"轮回"的兴致还是消退了。对我来说，只有在了解我怎么走到今天以及我能从中学到什么的时候，以往的人生才有意义。此刻，迷雾蒙蒙中，我很想知道萨古鲁是怎样成为今天这样一个心灵导师的，他的过去对他是否有重要影响。

我的问题还没来得及说出口，萨古鲁就开口了："动物也在进化，但是一旦你投身为人，你就将进化掌握在自己的手中了。"

"接下来，讲讲瑜伽。"他说，"瑜伽能加快你的进化过程。它可以帮助你从种种限制中超脱出来，让你不再受任何限制。虽然瑜伽可以轻松处理身体和心理方面的健康问题，但是它注重的不仅是这个层面。它是要打破身体和心理层面的限制，而进入一个完全不同的生命境地：从物质世界进入另一个存在。这另一个层面并

心灵午夜密谈

没有躲在别的什么地方，它就在当下。但是对于一个深深扎根在物质层面的人来说，他还没有办法在当下感知到它的存在。

"如果一个人深深扎根在物质层面，他就会认同于这些限制，而产生匮乏感。结果，你就开始积聚财物。头脑的本质就是积聚。当头脑比较粗糙的时候，它想要积聚财物。当头脑有了一点进化，它就想要积聚知识。当情感因素占主导的时候，头脑想要积聚人际关系。头脑是一个收藏家，总是想要收集一些什么东西。当你以为自己走在灵修之路上的时候，头脑就会开始积聚所谓的灵性智慧，或许它会开始收集大师讲的话。但是，不管它收集什么，无论是食品、物件、人群还是知识或智慧，这跟积聚什么没有关系，除非你不再有积聚的渴求，否则这份渴求就意味着你内心的匮乏。这份匮乏的感受，渗透到你整个人里面，遮蔽了你原本无边无际的本性，因为你把自己认同于某些有限的事物，而你的本性其实并非如此。

"将足够的觉察带进生活中，将灵性修持修行不间断地应用于生活中，如果你这样做了，你的这副肉身容

第六章　第三夜：瑜伽密意

器就会慢慢空掉。在觉察的观照下，容器就变空了；在灵性修持的修行中，容器就净化了。当这两方面的修行持续了足够长的一段时间之后，这副肉身容器就变空了。只有在空性出现之后，启示才会降临。在修行中，如果没有启示，你就到不了任何地方。而要经验这种启示，你必须先变空，你的容器必须全部清空。

"如果你没有经验到这样的启示，如果你没有让自己对启示变得具有接受性，如果你没有放空自己以承受启示的降临，那么灵修之路将会非常漫长，它将变成一件需要你追寻几生几世的事情。但是如果你彻底放空自己，任启示降临在你身上，那么你离最终的悟道就不远了。悟道就在当下，你可以马上去经验它，实现它。它超越存在的所有维度，带领你进入一种洋溢的喜悦状态。它不在明天，也不在另一世。在你身上，它可以变成活生生的现实。"

正当我坐在那里沉浸在思绪中的时候，我听到了早晨小鸟的"啾啾"声，雾气也渐渐在散开。一只体型硕大的苍鹭拍击着它的翅膀展翅起飞，并用它那野生而苍老的尖利叫声宣告又一个黎明的到来。我感到有些冷，

心灵午夜密谈

用毛毯紧紧地裹住身体。我不禁触景生情，心里想：到底经过多少次的历练才能达成空性？我可不想像一个骑在旋转木马上的孩子一样一直在人生中兜圈子，我只想在此生就达成开悟。

"为什么我们会有这种不断积聚的欲望？"我问道。

萨古鲁的目光落在自己的双手上，回答道："这种不管什么事情都要尽量多地积聚的心态很早就在你身上形成了。其中一个主要的原因就是你所受的教育。它一直在教你如何收集更多的事物。你可以以此谋生，但是不管你累积多少人、事、物以及知识和权力，甚至所谓的灵性智慧，它们对你的解脱不会有任何帮助。它们不会让你更接近你的内在本性哪怕一小步。保持觉知和清理身心需要灵性修持，需要内在工作。这就是瑜伽。

"如果你不想经历净化意识的挣扎，那么除了灵性修持，仅有另一条道路可以通向解脱。那就是臣服之道，也就是怀抱赤诚之心，全然地臣服，它叫作巴克提瑜伽（Bhakti Yoga），但是一个始终处于思绪中的头脑很难做到这一点。你无法刻意地去臣服。只有在你'一无所是'

第六章 第三夜：瑜伽密意

的时候，臣服才能发生。只有当你甘心放弃自己的意愿，放弃你称之为你的那个人，全然听从启示的召唤，真理的启示才会降临在你身上。只有那些像孩子一样天真的人才会走上奉爱之道。"

我有些悲伤地想到：我们中间有这么多的人已经丧失了人性的天真本性。当然，并非所有人都丧失了它。

萨古鲁伸展双臂，仿佛要将整个早晨的景致揽进怀里。他接着说："我会始终坚持觉知之道。假如你自然地从觉知之道转化到奉爱之道，那很好。然而，你无法培养奉爱之心。培养出来的奉爱已经不是奉爱了，而是一种虚伪。"

"那我们应该怎么做呢？"我问。

"束缚我们的那张网是由我们那种思想和感受的方式不断地创造出来的。我们所说的觉知只是在我们的所思所感与我们真正的自己之间制造某种间距。我们所指的灵性修持就是一种提升你能量的方法，那里就可以超越你所受的限制，从你纠集的思想和情感的机械性中超

心灵午夜密谈

脱出来。"

我说："我听你说过，清空自己的过程就像溶解一样，可以具体说说这是什么意思吗？"

"溶解并不是要把你放到一个硫酸桶里，"他笑笑说，"你在无意识中形成的个性基本是受你自我保护的本能所支配的。你的个性是你面对世界的一个面具，就是这个个性或者面具在你自己的体验中已经变成你本人。你已经变得完全认同于它。如果这个错误的身份，这个所谓的你，被溶解了，那么喜悦就会自然地降临到你身上，因为这是你的本性。面对这个世界，你可以根据情况扮演不同的角色，但是你没有必要认同它。"

确实，我在生活中就有很多角色：女商人、母亲、伴侣、朋友和女儿。我在设想如果我没有这些身份，我会是谁。虽然在生活中总有一个躲在背后的我在一个非常短的距离内观察着自己的表现，但是要将自己与这些角色分开依然不是一件容易的事情。

环顾四周，我发现雾气中透出了更多的空间，在离

第六章　第三夜：瑜伽密意

我们的船只不远的岸上，我可以依稀看见浓密的树丛了。

我说："萨古鲁，我们谈论的是灵性的成长，但是如果我们其实想做的却是溶解掉这些将我们隔绝起来的身份，那么成长还算不算是一个合适的词？"

"成长是针对溶解而言的，"他说，"你的个性是通过你无意识地吸收的种种印象混合而成的，当你将有限的个性溶解，创造的无限本源就会在你身上接通并成长，从而成为一种活生生的存在展现在你生活中。我们谈论的就是这样的一种溶解，它将你有限的存在方式的束缚溶解掉。当我们用灵性的成长这样的词语，那只是因为理性的头脑根本无从理解溶解这样的事情。

"另一种清空自己，让自己归零的方式就是扩张。不断地向无限扩张，这也是一种归零。零与无限的意思是一样的。扩张是一个更容易被自我所认同的词语。

"如果教你放下自我，这几乎是不可能的，无论你如何尝试，你都不可能放下自我。与此相反，教你扩张你的能量，就比较容易操作。说'我没有自我'本身就是一个非常自我的声明。自我就像一个阴影，始终跟随着你。你跟你的身体一旦认同，自我就产生了。当你在母亲的子宫里踢脚的时候，自我就已经诞生了。

"自我是你的阴影。它既不是好的，也不是坏的。外在的处境决定了你的阴影。当太阳不在你的正上方的时候，你始终会有一个阴影。所以，自我本身不是问题。问题在于，你已经丧失了你自己与你的自我的区分。想要除掉你的自我就像除掉你的阴影一样，当你想要逃脱自己的阴影，你只会变得精疲力竭，倍受挫折。但是假如你转过身，阴影就躲到你身后了。自我跟阴影非常类似。它始终在那里。所谓没有自我的生活根本是一件不可能的事情。它始终在那里，但是只要你觉知到它，自我就会服务于你。

"你不受限制地扩张，直到自己溶解。成长的意思是扩张，但是成长也意味着溶解。只有当你处于无知的状态下，你才会认为它们是不同的。

"所谓的灵魂实际上是一种虚构的东西。当你说自己是一个人的时候，你通常是指你外在的部分，即你的

第六章 第三夜：瑜伽密意

身体。在瑜伽中，我们将与人相关的层面都称为身体，这样比较容易理解。因此，我们认为人有五个层面，也就是五个身体。

"第一个身指的是你的肉身，它需要食物来维持。第二个是精神身，第三个是能量身（气），也被称为普拉那（Prana）。这三个身体——肉身、精神身、能量身——都处于物质层面，它们是物质的存在体。肉身最为粗糙，精神身比较精细，能量身则更为精细，但是三者都处于物质层面。它们之间的关系可以用一个发光的灯泡来形容。灯泡是物质的，电流也是物质的，它所散发出的灯光也是物质的。

"肉身、精神身和能量身代表生命的物质层面。这三者携带着'业力'的印记。在肉身、精神以及能量身上都会被打上'业力'的印记。这样的印记也可以说是一种结构，它可以将三者糅合在一起。'业力'是将你跟物质世界联系起来的黏合剂。

"其他两个身体是非物质的。其中一个处于过渡阶段，另一个则是完全非物质的。非物质的身体是指喜悦身。

你内在的喜悦身百分之百是非物质的。它不具有某种形式。就在肉身、精神身和能量身协调运作的时候,喜悦身才能被依附在它们身上。它就像气泡。在气泡中容纳了一定量的空气。一旦你将气泡戳破,一旦结构被破坏,空气就跟万物融为了一体。一旦前面三个身体消失,喜悦身就成为宇宙的一部分。所以,假如'业力'的结构分解了,就不会有灵魂。一切都归于宇宙。假如这个'业力'结构完全地解体,你就跟宇宙存在融为了一体,也就是说,你就不存在了。"

此时,我跟里拉相互依靠着坐在船上,我能看到云层慢慢散开,给天空留出了更多的空间,我也能听到湖面四周响起了更多的声音。人们开始从梦中醒过来,并将他们的爱狗放出家门,一些鱼在水面上跳跃。附近有人烤培根的味道也飘了过来。

萨古鲁继续道:"这个非物质的层面是你本质的核心,我们称之为无物或者万物,它是所有创造的基础。它是一切存在中创造、演化以及破坏的最为终极的智能。这个无即无限,被我们称为喜悦身,因为它是非物质的,是不可描述的,所以,它只能从我们的体验中推测出来。

第六章 第三夜：瑜伽密意

当一个人跟这一个超越物质的层面相接触，他就沐浴在喜悦和祝福之中。所以，当我们称之为喜悦身，我们是在我们的体验的框架内来描述这个不可描述的，当我们称之为解脱，我们的意思是从生命、出生和死亡中解脱出来。解脱的意思是从将这些身体黏合在一起的'业力'构造中获得解放，从一个人的存在中获得自由。"

"萨古鲁，"我说道，"这个喜悦身，或者这个内在的真我，实际上是不是就是上帝？我们要么是一个小小的有限的个体，要么就是上帝，是吗？"

"你所说的真我也是宇宙性的，"萨古鲁回答说，"只是你的这层外壳，这层皮，"他说着停下来指指自己的身体，"是在你的宇宙性层面上形成的。通过瑜伽，你渐渐能够区分出你自己身上的能量层面，你创造了整个系统，你创造了灵性的修行。肉身以及头脑（它们是外壳）渐渐退隐，不再重要，而真我就呈现出来了。这时你就可以有机会真正地看清真我，并体验到它。这个过程就是灵性修持。我们所谓的瑜伽，所谓的灵性修行，其意思就是减除肉身和头脑的重要性，而带出真我的重要性。

心灵午夜密谈

　　"开悟不是在某一天突然出现的。它一直在那里。灵性修行，或者灵性修持，就是要让你能够看见它。你不是通过灵性修持在你内在建立一个所谓的神性。在美国有许多人经常谈论发展真我。真我是无法被发展的。你可以发展你的头脑，这并没有什么不好，你可以发展你的自我，每个人都在这样做。但是你怎么能发展真我呢？它是绝对的和无限的。

　　"如果你可以发展真我，你最好还是把它给扔了，因为那样它就不是一件完整的东西。只有那些不完整的事物，你才可以发展它。如果某样东西早已是无所不在的，早已是永恒的，那你怎么能够发展它呢？因此，我们无法在自己身上创造神性，或者制造出一个开悟来。神性本来就在你身上。灵性修持不过是让你睁开眼睛的一种方式。灵性修持就像一个警钟，整个事情不过是将你唤醒的一个过程，它是要将你唤醒到另一个层面的现实。

　　"事实上，也不存在什么自我知识。只有真我。真相就是如此。那个超越所有限制的你与那个你所说的上苍是同一的。"他边说边注视着我的双眼，想确定我是否真的理解他的意思。我知道有些人会认为他说的这些

第六章 第三夜：瑜伽密意

观点是亵渎神灵的。但是我也知道，他想要传递给我的是一个至关重要的真理。我意识到我们大部分人无法看清人生的真相，生活在一片迷茫中，就像此刻逗留在湖面上的雾气一样。

"既然我们被困在这些限制中，那么我们怎样才能体验到你说的这个呢？"我渴望知道答案。

"你必须有意愿去超越自己的限制。这个意愿就是臣服。而唯一的障碍就是你自己。如果你有意愿，谁能阻止你呢？所以，灵性修持只是为了让你产生这样的意愿。开悟并不遥远，但是要让一个人完全具有这样的意愿却需要一定的时间，因为在你身上有一层又一层的抗拒心。你得花时间去穿越这些抗拒，去成就全然的意愿。本质上，这并不需要时间，但是通常人们还是需要一些时间。"

"萨古鲁，"我说，"在西方文化中，如果我说你想进化成上帝，这会冒犯很多人。但是在印度，却有很多人投身于此。你能说说这两种文化为什么有那么大的差异吗？"

心灵午夜密谈

"印度有一个非常古老的文明,其中产生了很多开悟的人,"他说,"在这个世界上有两种文明。一种文明一直在等待上帝降临于人间,然后改变这个世界。这是一种文明。

"另一种文明则认为转变自己和环境的唯一道路就是自己变成上帝。瑜伽就是来源于这种文明。在瑜伽中,我们知道自己也具有像上帝一样喜悦和全知的潜能。

"无论你怎样认识上帝,我们也能够成为上帝。每个人都有这样的机会。如果只有一个人是上帝,或者上帝之子,那其余的人是什么呢?我们都来自同一个源头。只有那些过分偏激的才会说:'不,我的上帝跟你的上帝是不同的。'这时才会有问题。别忘记,当耶稣承诺将人们带到天国,很多人跟随他而去,那时他转过身说,天国就在你心中。他还说,你可以比我更伟大。

"佛陀、克里希那和耶稣并不需要追随者。他们知道每个人本来就有神性,他们只是将它呈现出来而已。

"稍有常识的人都能看清所有的生命都来自同一个

第六章　第三夜：瑜伽密意

源头。如果我们来自同一个源头，那么我们所有人身上都具有同样的能量。有人称之为上帝，有人称之为阿拉，爱因斯坦称之为 E，而我们称之为壹沙瓦拉，或者壹沙。

"不管你怎么称呼它，我们每一个人都无意识地携带着它。事实上，如果你使之成为有意识的，并且允许这个能量表现出来，你也就成为那个神性。但是，这并不是说当下你不是神性——现在你就是神性，只是没有意识到它而已。你没有意识到的东西对你来说并不存在，这点你必须明白。你坐在这里，假如你后面站着一头大象，这样大的一头动物如果你没有意识到它，它对你来说并不存在。只有当你意识到它，对你来说，它才是存在的。同样的，虽然神就在你心中，只要你没有意识到你的神性，它就并不存在。当有人意识到这个事实后，他就知道其实每个人都具有这样的本性。"

"萨古鲁，"我插话说，"是不是每个人都能达到意识的顶峰？你说的这个瑜伽是否真正地对每个人都有效果，它是只对你这样的，或是只对那些一心想开悟的人才有效果吗？"

心灵午夜密谈

"瑜伽肯定对每个人都起作用,这一点需要明确。瑜伽是一种技术,所以不存在对某个人起作用对其他人不起作用这样的问题。就像电话、电视、电脑这样的技术,它对每个人都发挥同样的作用——即便大多数人对它们怎样发挥作用的原理不了解,但你只要学会使用它们就行了。根据人们的经验不同,不同的人在不同的层面上使用它们。大多数人可能从来不知道瑜伽是如何发挥作用的,但是它却对每一个人都能起到作用。诸如年龄、心态和'业力'这样的因素可以决定瑜伽发挥作用的快慢,但是它肯定会起作用,不管你当时有没有注意到这个作用。有些人会像汽油一样燃烧,有些人会像纸张一样燃烧,还有一些人则像潮湿的木头一样燃烧,但是瑜伽一定能加速一个人的进化。"

"这会花很长时间吗,还是很快就可以起效?"我问道。我真正想问的其实是对我来说这种情况可能会在多长时间内发生。

他说:"这可能需要数百年或者数千年,数万年,但是也可能在当下这一刻就发生。如果这是你生活的唯一目标,所有的能量都投入在这上面,那么它就不会很

第六章 第三夜：瑜伽密意

遥远。问题是人们往往有很多其他他们认为首要的事情要做，而将灵性置于一旁。你所寻找的就在你心中。如果这是你生命中唯一重要的事情，那就没有什么可以阻挡你。如果有意愿，你的本性甚至一刻也不能被否认。如果这是一个能力的问题，我们或许需要一定的时间来提升自己。如果这是一个愿意不愿意的问题，你说说看，谁可以决定这件事？"

"但是，萨古鲁，如果我们的生活中只有这一件首要的事情，那么我们的生活会成什么样子？"

"生活本身不是什么阻碍。如果实现你的终极本性是你生活中唯一重要的事情，那么其他事情就会围绕着它自然地作出重新调整。你的工作以及人际关系，你的感情以及金钱，以及生活中的每一件小事都会围绕着你的终极本性重新定位。在这样一个目标之下，你所做的每一件小事都会给你带来极大的充实和欢喜。一旦你的终极本性成为你的首要之事，那么在生活的进程中发生的每一个细小的行为、思想和情感都变成了一个充实而愉悦的过程。"

心灵午夜密谈

听到这个,我终于放心了。但是世界充满着如此多的让你分心的事情,你很难不失去重心。听说只有那些走出世俗生活的人才能开悟,即便如此,也只有非常非常少的人才能达成,所以我对自己有些担忧。他们都说一个人只有不惜一切代价才能在灵性之路上达成一些什么。有人只是从字面上理解这一点,但我相信,除了不惜一切,还要做许多事情才能有所收获,即便是这样,你是否能达成是没有任何保证的,这一切之后,你可能依然跟肉身和头脑相认同。所以,我们怎样才能走出我们所认同的一切呢?一物自己的终极本性对我来说是一件无比重要的事情,但是我依然对怎样利用生活作为转化自己的途径毫无头绪。因此,到底怎样才能在这个远大的转化自己的目标下料理生活呢?

我问道:"可是,瑜伽到底是怎样引导人发生转化的呢?"

"谢丽尔,"他耐心地说,"瑜伽可以将你的身体引向一种完美和谐的状态。当你的头脑、身体、能量以及你的内在本性和谐一体时,你就会自然地展现出你的最佳能力。你有没有发现当你快乐的时候,你会有无尽

第六章 第三夜：瑜伽密意

的能量？你有没有注意到这个？"

"我当然注意到了。"我回答说。

他点了点头，继续说："当你快乐的时候，你的能量总是运作良好，甚至不吃不睡都没有关系。所以，只要一点点快乐就可以让你从通常的能量以及能力的限制中解脱出来。

"瑜伽是一门激发你的内在能量的科学，它可以让你达成一种精力充沛的状态，是你的身体、头脑和情感处于和谐运作的顶峰状态。当你的身体和头脑在这样一种顶峰状态运作的时候，你会有某种洋溢的喜悦感，你会从许多人所遭受的那些身体及精神问题中解脱出来。通过瑜伽修行，你的身体和头脑会持续处于顶峰状态，这会让你在一定程度上，自然而然地掌控自己的生活和命运。"

毫无疑问，这对我而言确实是真的。与以前相比，我处于一种更高的能量状态下，做起事情来更加顺心顺手。之前困扰我的一些事情不再出现。我的快乐不再依附于外在的刺激，事实上，令我惊异的是，某些方面我能更好地应对各种处境，包括跟一些我以前认为很难合作的人相处。我创造出我想要的结果。

"你以前跟我说心灵的平静只是一个开端，"我说，"那瑜伽到底怎样可以让我们超越所有的限制呢？"

"你可以一根一根地解开绑着你的绳子，你也可以从所有的捆绑中一下子挣脱出来。你所说的能力其实是你的能量运作方式。一旦你掌控了自己的能量，你会毫不费力地做到你以前从不敢梦想的事情。美国人痴迷于技术，所以我想用这样一个比喻来说明瑜伽：它实际上是为了实现人类更高的潜能所使用的一种技术。当一个人的内在能量被激发，他就进入了一个完全不同的世界，认知、体验和能力就全然改观了。也就是说，你可以达到这样的境界：在自然法则的范围内可以做到的事情你都可以做到。

"你听说过马克·吐温（Mark Twain）跟印度心灵导师见面之后说的那句话吗？"萨古鲁问道。

"没有。我喜欢马克·吐温，但不记得他说过什么

第六章　第三夜：瑜伽密意

关于印度的话。"

"他说：'任何人类或者上帝可以做到的事情，在这块土地上都被做到了。'"

························•┊※┊•························

此时阳光穿破云层普照大地，我们沐浴在温暖的阳光之中。几分钟之后，萨古鲁提议回家。虽然我正沉浸在交谈之中，不太情愿就此离开，但是看来我们不得不在下一次继续我们的话题了。

这个时候我已经能够确认我们所处的位置，所以指引着由萨古鲁驾驶的船一路前行。一到家，萨古鲁就回到了他的房间，我和里拉则决定小睡片刻，然后再去采购一些日用杂货。

一天又很快过去了，这个晚上萨古鲁早早地跟我们待在了一起。因为那时天还没有黑，所以他建议我们一起去散步。从湖边别墅到湖面颇有一段距离，这一路的景致很美，所以我们决定不再驾车而选择徒步行走，利

心灵午夜密谈

用天黑之前的这一小段时光就在附近走走。

散步中,我趁机向萨古鲁提了一些世俗方面的问题。我的一个朋友知道上师要到这里度过一周时间,所以让我请萨古鲁谈谈关于金钱以及每个人在生活中是否都有某种特殊的使命方面的话题。

一开始我有些犹豫,因为跟一个悟道的人谈论金钱与使命似乎是在浪费宝贵的时间。他知道很多在灵性领域我们所不知道的事情,这个才是我们应该请教他的。但是,我给自己找了一些理由:既然萨古鲁要跟生活中的人们打交道,既然对于西方人而言金钱是如此重要,我想请教这些问题也算是情理之中的。我个人曾经非常看重金钱,因为为缺钱而担忧可不是一件让人高兴得起来的事情,我是如此看重它,以至于觉得自己花了过多的时间在追求金钱上面。

散步几分钟之后,我将自己的问题提了出来:"为什么金钱对我们美国人的生活有这么大的影响?我认识的人中许多人都把他们大部分的时间用于工作赚钱,但是还是经常感到钱不够多,或者,在努力工作赚钱之后,

第六章　第三夜：瑜伽密意

并没有给他们带去足够多的自由时间。"

萨古鲁回答说："人们往往将太多价值和属性依附在金钱上面。钱不过是让交易更为顺畅的一种工具而已。"在我的追问下，他又说："钱是从物物交换演变而来的一种交易工具。它并不复杂。它只是一种交易的手段，一种让生活变得更加方便的工具。口袋里有钱，生活就更加方便。钱本身不是问题，一旦钱进入了你的头脑，它就被颠倒了。你跟它发生了认同，它变成了你的身份象征。你有多少钱成了你身份的一部分。一旦你认同于它，你就永远不会满足。

"有很多有钱人只要他们的财产稍有缩水，他们就惊慌失措。但是钱只不过是一种手段而已。就像很多其他事物一样，钱是为了更好地生活而被创造出来的。当我们跟它处于很深的认同之中，我们就忘记了这一点。

"我们忘了钱是为了用的，相反，钱成了我们身份与地位的标志。然后我们开始拿它跟其他人做比较，而不是去享用它本身。这成了一种病态，赚钱变成了健康生活的对立面。每个人都具有自己特殊的才能，那么你

心灵午夜密谈

就总有办法做你自己喜欢的工作，赚到足够的钱。毫无疑问，钱是必需的，但是我们真正需要多少钱呢？如果我们对于生活的观念从以成功为目标转化到以喜悦为目标，我们会发现我们对于钱的需要将会大大减少。

"为了舒适而喜悦地生活，你究竟需要多少钱呢？从前的人们从来没有像今天的人们过着这样舒适的生活。一百年以前的王公贵族都没有今天的普通人这样生活得舒适和方便。但是很难说我们要比前人生活得更为幸福。一旦金钱成为你身份的标志，不管你有多少钱，你都会为此感到担忧和不安。这不是一种聪明的活法。本来可以给你带来舒适和愉快的东西现在却给你带来了相反的效果。我们或许在表面上创造了一个完美的生活环境，但是生活的真正品质却是取决于我们的内在。"

"萨古鲁，"我说，"为什么瑜伽士似乎不喜欢舒适的生活？"

萨古鲁大笑道："瑜伽士绝不是不喜欢舒适，他们想要的是在任何时候任何环境下都能够舒适。他们躺在满是钉子的木床上是为了考验自己在极端的条件下是否

第六章　第三夜：瑜伽密意

也能够舒适自如。他们不满足于多数人追求的那些小小的舒适。舒适不是取决于外在的环境，真正的舒适来源于你内心的平和。

"在今天的这个世界，我们将经济列为人类生活的头等大事。你的爱不重要，你的喜悦不重要，你的自由不重要，你对美的敏感度不重要，你的音乐和舞蹈也不重要。最重要的事情就是你的经济。如今在一个城市里，假如你说某某人是一个大人物，它的意思不是说他是一个最有智慧的人，不是说他是一个最有爱心的人，也不是说他是一个最有技艺的人，更不是说他是一个最为静心的人。意思只有一个，那就是他是城里最有钱的。因此，我们整个坐标都是围绕着经济转的。除非生活中更为精微的层面受到重视，否则我们不会成为喜悦的人。如果不再拿自己跟别人做比较，你会发现你的需求就会陡然下降，你会生活得更为自然而感性，这样的生活对拯救和维护我们这个地球是非常关键的，否则，我们可能会破坏这个我们赖以生存的地球。

"钱本来是用于增强你生活的便利性的，你却通过认同它，而使之成为一种生活的障碍。钱本身没有什么过错，

心灵午夜密谈

如果你把它放在口袋里而不是认同它,那它就可以发挥它的作用,但是一旦它侵占了你的头脑和思维,它就变成了一种病态。如果你将内心的幸福作为生活的首要之事,你将会发现钱的问题其实很容易处理。"

"萨古鲁,"我说,"我知道你的父亲是一名医生,你是否从小就生活在一个富裕的家庭环境中呢?"

"在我家里,钱从来不是一个问题,"他说,"我父亲有一个很好的工作,但是钱从来不是他最为关心的事。我祖父是一个百万富翁,但是我父亲拒绝了所有的家族财产。他没有去经营家族的生意,而成了一名医生。在我父亲只有五岁的时候,他的母亲就因为肺结核而离开了他。在当时的医疗条件下,祖母得不到很好的治疗,在弥留之际,她希望自己的儿子将来能成为一名医生。就这样,这个愿望在他的心中扎下了根。

"在我父亲身上有一个突出的特点,那就是他总是把别人放在首位。无论什么时候,只要别人叫他,哪怕是一件很小的事情,他都会马上响应。钱从来不是他所考虑的事情。我记得,有很多次一家人正坐着吃饭的时候,

第六章　第三夜：瑜伽密意

有人来叫他帮忙。他总是立刻起身出发，我母亲让他至少吃完饭再走，但是他总是二话不说就走了。

"而在我的外祖父家，又是另一番情况。我外祖父是镇上最有钱的人，对金钱极为迷恋。而我的外祖母则是一个非常有灵性的人。他们两人之间的鲜明对比给当时年幼的我留下了很深的印象。

"在我外祖父家里，每天都在制造大量的食物，早上，镇上的三四百个乞丐都到那里去填饱肚子。我的外祖父经营着他自己的'慈善王国'。每天早上六点半，他就坐在门前，先是将这些乞丐喂饱，然后将他恩赐给乞丐的食物记录在案。或许他相信施舍可以帮他买到上天堂的票子吧。做完这些事之后，他就开始从事金融交易。他把钱借贷给镇上的很多人，有人则跑过来支付贷款利息，或者偿还贷款。他也借钱给一些所谓的社会底层人群。但他不想跟这些人有肢体接触，所以他在借钱给他们的时候，往往将钱一扔了事。

"在我的外祖父经营着他的王国的时候，我的外祖母也有她自己的一个天地。人们去找我的外祖父是因为他们没有别的办法。因为他有钱有势。当他们跟外祖父打完交道之后，在经历了这些可怕的对待之后，这些人中有很多人就跑到屋子的后院，我的外祖母坐在那里等他们。她没有什么东西可以给他们，但是每个人都想待在那里，哪怕只待几分钟也好。那些我的外祖父不想接触的人，在我外祖母那里，受到了热情的欢迎和垂爱。他们喜欢和她分享他们的一些喜和忧。

"当时的我对此非常惊异和着迷。你知道，在一个屋子的两头是两个完全不同的王国。不管怎么说，我总觉得我外祖母的王国更为光彩，更为美好，因为人们发自内心地喜欢到她那里。而人们去找我外祖父是因为他们不得不去找他，他们没有别的办法生活下去了。我相信，如果他们有足够多的钱，他们根本不想跟外祖父扯上任何关系。

"我的外祖母在她六十四岁的时候，搬出了原来住的房子。虽然家里在这个地方拥有大片土地，但是她却跑到别人的土地上建立了一座小小的寺庙。这对这个家族来说，是一件很不体面的事情。他们都是镇上最有钱的人，而她却在别人的土地上建庙。她还离开外祖父住

第六章 第三夜：瑜伽密意

到庙里，自己在那里种上一点蔬菜。

"早上，她经常会到我外祖父的屋子那里待上三四个小时。特别是当我们几个在假期里到那里玩的时候，她一定会过来，跟我们一起相处上几个小时。她经常在早上做一些让我非常迷惑的事情。她会端着一碗早饭，跑到屋子外面有松鼠、麻雀和其他小动物的地方，一点一点地将食物分给它们吃。在自己吃饭之前，她至少已经将四分之三的早饭分给了小动物。她还跟它们讲话，那些动物似乎能听懂她的话。有时候她会出声跟它们讲话，有时候只是待在那里默默地陪伴它们。

"家里很多人都把她看成是一个疯子，但是她对小动物所做的事情让我很是着迷。对像我这样一个孩子来说，她所做的事情是很好理解的。她跟动物交流就像我们跟人交流是一样的道理。

"只是在很久以后，我才会去思考她所做的事情。有很多次她自己根本什么也不吃。旁边如果有人，他们就会问她：'你自己为什么不吃饭？'她会说：'我早吃过了。我跟松鼠一起吃的。'她给它们喂食的时候，

心灵午夜密谈

感觉自己也吃饱了。这不是一种情感上的满足，对她而言，这可是真的。她真的感觉肚子饱饱的，不想再吃东西。她一直活到一百一十三岁，所以我想不吃东西对她的身体不会有什么影响。

"就这样，很多年之后，当我开始经历到许多不同凡响的事情的时候，她所做的每一件小事才突然之间对我显露出它的很多意义。从前，我只是喜欢她做的这些事情，但是不能领会她其实是在跟生命做深度的沟通。"

萨古鲁停了下来，我又问道："你曾经提到那个会在狂喜中唱歌跳舞，并用脚向众神献花的外祖母，她们是不是同一个人？"

"是的。怎么会有第二个她呢？"他点头答道，"后来，对她很多的处事方式，我有了更深的体会和理解，它们也渐渐融入我自己的为人处世之中。她是对我影响很大的一个人。"

第六章　第三夜：瑜伽密意

我们在沉默中沿着道路步行，不一会儿工夫就走到了湖边。站在一块岩石平台上，凭栏远眺，整个湖面在阳光下闪烁着宁静的波光。近岸处，树木倒映在水中，勾勒出一幅静美的风景画。我的思绪却无法像湖面这么平静，我开口说道："我还有一个问题想问，我们每个人是否都有自己的人生使命呢？"

萨古鲁笑了。"如果生命真的在召唤你，"他说，"你必定会以最大的热忱和投入毫不犹豫毫无顾虑地去响应它。生命的基础是生存，只有当你照顾好生存问题，生命中更为精微的层面才会在你的生活中被打开，并占据一席之地。并不是你想要做些标新立异的事情，而是你想要活得尽兴，活得充分。假如你真正对生活的每一个层面都充满热情，你很容易就会明白什么是你擅长的。你可能擅长于'Eppume Illadadi'。"

"它是什么意思？"我问。

"它的意思是你可能擅长某些以前从未做过的事。

但是，即便你没有这么富有原创性，即便你在做一些简单的、重复的或者世世代代人们都在做的事情，当你以极大的热情和投入去做它的时候，它们就会将你提升到一个新的层面。问题出在人们往往只对一件事情有热情，或者他们的热情排斥了其他的可能性。这往往会导致疏离感的产生。排他的存在和局限于某一个领域的投入只会导致挫折和痛苦。我所讲的热情是指全然包容的那种热情。

"在任何一个时刻，一个人都必须以他的五种感官来跟万物相接触，完全地尽致地投入其中。这才是真正的热爱。热爱不是一个善良的态度，而是一种没有偏执的投入。

"生命是以存在、做、拥有的顺序展开的。但是现在，因为你陷在你的头脑思维中，你第一件想到的事情是拥有。在你的生命历程中的某个阶段，你会想要拥有某种生活，比如某个伴侣、某所房子、某种汽车以及诸如此类。怎样拥有这些呢？你就会去想该做些什么。当你开始考虑做些什么的时候，你身边的人就会开始给你提建议，你就开始想做一名医生、律师或者经营进出口生意，等等。

第六章 第三夜：瑜伽密意

当你从事这些职业一段时间之后，你开始认为你已经成就了一些什么，接着你就跟生活做着对抗。你走的是拥有、做、存在的路子，它会将你引向对拥有的无尽追求，而这是你内心得不到满足的主要原因。你必须首先建立你的存在方式。这样，不管你得到什么，无论是你想要的还是你不想要的，你都会感觉生活很精彩。你的生命质量取决于你的存在方式，你拥有什么只是一个能力的问题，以及你是否处于一个有利的环境中的问题。如果你将生命转变到以存在、做、拥有来排序，那么你命运的很大一部分就会掌控在你自己的意愿之下。

"现在，我想让你明白这一点：并没有什么人生的使命，而是生命在召唤你——生命从内在和外在两头同时在召唤你。只有当你真正响应生命的召唤的时候，你才会领悟到完整的生命。唯有当你没有偏执地全然地投入到与宇宙万物，每一个原子的互动之中，你才能体验、领悟和深入到你是谁的全部内涵。而且，在这样全然地投入中，你无须受限于你自己过去的经验和能力。你能够跟作为宇宙本性的全知的伟大宝藏联结在一起，从中吸收各种启示。也只有通过这个全然的、纯粹的投入，一个人才能了悟自己的本性，它是无边无际万物的源头，而这是所有人的欲望之旅真正的、最终的目的地。"

几片薄薄的白云在我们头顶上悠然地飘浮着。此时，我们已经快走到道路的尽头，马上要折返而归。尽管今天我们跟萨古鲁所谈的一切最终都回到了解自己这个主题上，但是我忍不住还是想就我们在世俗生活中碰到的一些问题问问他。"萨古鲁，"我说，"在我们国家许多人都处于紧张和压力之下，严重影响他们的正常生活。他们该怎么做呢？"

"首先要搞清楚的是，"他说，"人们为什么会如此紧张？几年前我第一次来到美国的时候，不管我走到哪里，我注意到人们都在谈论压力管理。我根本无法理解这个。为什么有人会想到管理他们的压力？我们会想要管理自己看重的东西，不是吗？你会想要管理自己根本不在乎的东西吗？如果你说你要管理你的企业、财产、家庭或者金钱这样的事情，这个我能理解，但是为什么要管理压力呢？

"过了一段时间我才明白，原来这里的人们认为没有压力地生活是不可能的。压力被认为是生活中必须被

第六章　第三夜：瑜伽密意

接受的一部分。但是事实真相是，除非你神志不清，否则压力根本不是生活的必然的组成部分。压力并非源于你的工作。只有当你无法处理好自身的系统平衡，你才会有压力。当你不知道怎样管理好自己的身体、头脑、情绪或者能量的时候，压力才会发生。如果你明白这一点，就不会有任何紧张和压力，因为你不再受到外在环境的挟持。"

萨古鲁说完，大家都沉默不语。我沉思着他刚才的一番话。他的教导有一个特点，那就是他总是能够切入日常生活的方方面面。我很高兴问了这几个我原本以为很浅薄的问题。

我们边走边谈，刚走到道路的拐弯处，忽然有两只狗凶猛地冲向我们，对着我们嚣张地吠叫。以前，我碰到过其中一只狗，是红色的，对陌生人非常敌对而凶悍。人们不止一次地叫主人看管好这只桀骜不驯的狗。事实上，有些邻居还几次打电话向动物防控部门报告，但是它非常狡猾，至今没有被抓走。

心灵午夜密谈

我一眼就认出了这只狗,今天跟它在一起的还有另一只狗,样子也非常凶猛,令人心生恐惧。它们冲着我们狂吠,把我吓得尖叫起来。萨古鲁叫我和里拉退到一旁,他自己则向前靠近。令我惊讶的是,当这两只凶猛狂吠的狗看到萨古鲁靠近时,就像被某种神秘的力量所控制,马上温顺地在路边坐了下来。

我和里拉小心翼翼地从它们身边走了过去。我对它们被迅速制服表示非常惊讶,萨古鲁一如往常地笑着说:"我可不想被它们咬一块肉下来,它们现在变得文明一些了,但是它们的主人大概不会喜欢他们的看家狗变得这样温顺。"

"谢丽尔,我想要你明白,你周遭的生命响应与配合的是那个真实的你,而不是那个你周围人或者你自己所认为的那个你。你认为自己是谁事实上无关紧要。"

之后,我们又在沉默中行走,但是不管我的四周环境是多么安静,我的思绪都无法平息下来。我不明白为什么连那些凶猛的动物似乎都认得出萨古鲁这样的人。当我在他身边的时候,许多我通常认为不同寻常的事情,

第六章　第三夜：瑜伽密意

由于他的在场，似乎都变得平平常常了。

这次跟狗的遭遇令我想起了以前我跟萨古鲁和里拉一起在喜马拉雅山徒步时发生的一些事情。

那是在一个晴朗的九月天，我与萨古鲁一起随着几百人的游客在景色美不胜收的喜马拉雅群山攀登。关于喜马拉雅山，以及住在那里的瑜伽士和神秘家，我读过很多这一类的书，多年来我一直向往着有一天可以参访这些神秘的大山。所以当有机会跟萨古鲁一起寻访这块神奇的宝地时，我毫不犹豫地欣然前往，虽然就在十五个月之前，由于健康原因，我还只能步行不到四百米。

那一天，我们向神秘的克达山（Kedarnath）进发。这座山峰高于其他山峰，海拔三千六百多米。这可不是一次寻常的徒步，因为我知道萨古鲁特别喜爱克达山，他讲起克达山来语气中总是充满着热爱与敬畏。这是一个历代许多圣贤生活的地方，至今依然如此。据说这是一个充满智慧与奇迹的迷人之地，处处弥漫着强烈的、令人心得到抚慰的气息。

心灵午夜密谈

那一天，天空万里无云，碧蓝碧蓝的，阳光也异常灿烂，我们一路往上，阳光也一路普照。老天似乎为我们那一天的登山量身定制了一个好天气。虽然山脚下气候比较温暖，但是往上爬了一段山路之后，天气开始慢慢转凉。那一天我们大约步行了十四公里。一路上，我们看到许多茶铺，在那里可以买到印度茶、酸橙汁以及芬达橘子汽水，他们也出售一些瓶装水和饼干，有的茶铺还备有烧好的印度食物。

我们一队人马的每个人都按照自己的步伐和节奏登山，所以，虽然我们属于同一个很大的团队，但是多数时间每个人还是在默默地一个人行走。当我们一路往上攀爬的时候，遇到许多不是我们团队的人，他们有的走路，有的骑马，有的骑驴子，有的在往上爬，有的在往下走。还有一些人坐在一个像篮子一样的工具里由当地人抬着走，这样的运输工具在海拔比较高的山上司空见惯，随处可见。

当我走到四分之三路程的时候，刚好碰到一位瑜伽士和他的一群追随者，他们也正向克达山峰赶去。从他们的着装、举止以及身上的某些标记可以看出他们是斯

第六章 第三夜：瑜伽密意

瓦的坚定信徒。斯瓦在瑜伽文化中被视作第一个瑜伽士，也是第一个瑜伽老师，因此，他被尊为最伟大的上师。

传说斯瓦住在由冰河融化的水所形成的湖泊边，这条被称作神启之湖的湖泊坐落在克达山峰之上约三千米的地方。据传他曾经经常来到克达山峰跟那里的瑜伽士以及诸圣贤碰面，并为他们提供指导。因为这个原因，克达山峰被认为是斯瓦的住所，一个散发着他的气息的地方。

我们在山上碰到的这个瑜伽士穿着一身简朴的未经缝纫的白色衣袍，戴着头巾，眉间涂着一点"圣灰"。他赤着脚，一个肩膀袒露在外面，他似乎对山上的冷空气不以为意。他双目有神，白发飘逸，步子轻快而优雅，这些特点让他跟旁边的人明显地区分了开来。他看上去大约有五十来岁，他本人似乎也是一位上师。在一群跟随他的人中他显得镇定自若，旁边的人都听命于他，显然他在这群人中很有权威。

我继续往前走的时候，一会儿就看不到这位外表醒目的上师了。几个小时之后，在山顶附近的溪流边，我又看见了他。经过长途跋涉，他似乎毫无倦意。

心灵午夜密谈

接着我看到我们团队中的几个壹沙志愿者走过去跟他攀谈起了关于萨古鲁以及"迪亚纳灵伽"（萨古鲁在印度南部建立的静修圣殿）的事情。这位瑜伽士说："你们为什么告诉我这个？我根本不关心什么上师或圣殿，很显然你们不知道我是谁，我是斯瓦！"那个壹沙志愿者听到这个吃了一惊，不由得退后一步。说自己是斯瓦等于说自己是终极真理的化身，或者等于说自己是上帝本人。

尽管如此，这个志愿者没有被完全吓住，继续跟他聊萨古鲁的事。他们的讨论相当热闹，那位瑜伽士不断以激烈的口吻试图终止交谈，并对那个志愿者大声宣布他就是斯瓦。志愿者随后说："如果你就是斯瓦，那么你一定得见见我的上师，他一会儿就会到这里。"瑜伽士摇摇头表示反对。

这场不断升温的交谈又持续了一段时间，直到双方都开始大声叫嚷起来，最终那个志愿者放弃了努力，离开了现场。那个瑜伽士还是跟他的一队人马待在一起。不一会儿，我看见萨古鲁往这边走了过来，他的模样相当时髦：身穿徒步裤，脚蹬旅行鞋，上身穿一件印度风格的T恤衫，戴着一副飞行员式的墨镜。单看样子，他

第六章 第三夜：瑜伽密意

一点也不像一位瑜伽士。

正在这时，那个神采奕奕的赤脚"斯瓦"看见了萨古鲁，令人惊奇的一幕发生了。这个看上去目中无人，把自己看作神一样的瑜伽士起身奔向萨古鲁，以全身俯伏的方式，拜倒在萨古鲁跟前。

------✦·✶·✦------

路边恶犬、普通人、美国原住民的长者以及这个自称为"斯瓦"的人都以令人惊讶的方式对萨古鲁作出反应。尽管如此，萨古鲁却不拿自己当一回事，尽量跟学生多接触，让他们不致陷入崇拜的心态之中。

第七章
第四夜：神秘家的世界

让身体、头脑与能量高度和谐运作是每一个人的愿望。瑜伽就是能够实现这种愿望的一种技术。

——萨古鲁

傍晚的一场散步让我们的心情更为轻松自在,同时也感到有些饥肠辘辘。即便是萨古鲁,尽管他总是能量充沛,但是看上去也需要补充一点养分了。我和他一起坐在门廊上,享受着清凉宜人的山风,里拉则泡在厨房里忙活着我们的晚餐。

我不时地张望一下里拉。透过厨房的窗户,我看到她已经将自己的一头乌发扎了起来,她的脸沐浴在厨房温暖的光亮中。不费吹灰之力,她就为我们端上了又一顿美餐。用餐的时候,我默默地寻思她是怎么能在短短的不到三十分钟的时间内制作出了如此色香味俱全的一顿大餐的。

不过,我所想的并不仅是里拉的美味烹饪,正像她变戏法似的制作了一顿美餐一样,我们在一起相处的日

第七章　第四夜：神秘家的世界

子也如白驹过隙般溜过去了。在沉思默想中，在如闪电般的启示中，在与萨古鲁的热烈交谈中，一个又一个小时无情地流逝。就像之前的几天一样，这一天又将会一闪而过。虽然我尽力珍惜每一寸光阴，希望能延长我们在一起的分分秒秒，但是时间依然以其不可阻挡的步伐在我们身边穿梭而过。

转眼又到了午夜，我们登上船，一路向小岛开去。回到了小岛就像回到了萨古鲁的人生故事，回到了瑜伽的话题。我们围着篝火各自坐定之后，我马上以一个问题开启了今晚的谈话。

"萨古鲁，今天早上你说瑜伽会'加速一个人的进化'，你能具体说说吗？我知道，这样的事情已经在我身上发生，但是它是怎么发生作用的呢？在我们身上，究竟发生了什么？"

"有一个关于一只幼虫的美丽故事可以说明这个问题，"萨古鲁说，"你听说过这个故事吗？"

"没有，我没有听说过。"

心灵午夜密谈

"这只幼虫在它生命的大部分时间内都认为它的存在就是为了吃和睡,以及做其他幼虫做的那些事情。然而,这只幼虫内心并不快乐,常常忧心忡忡,因为它感到自己不够完整。它多少感觉到生命中还有着另一个层面,可是它还未曾经历到。

"有一天,被一种奇怪的莫名的渴望所牵引,这个整天忧心忡忡的家伙忽然变得沉默而安静。它将自己悬在一根树枝上,吐着丝,绕着自己编呀编,编出了一个丝茧。在丝茧里面,虽然有些局促和拘束,但是它静静地觉察着,等待着,它的耐心终于有了结果,它破茧而出。看!它不再是一只被锁在黑暗中的可怜的蠕虫,而是一只在天空下展开色彩斑斓的翅膀的蝴蝶!现在,它可以振翅而飞,不再是那只处处受限的蠕虫,它自由了。这只幼虫蜕变成了蝴蝶,如空气般轻盈,奇幻而美丽!

"一旦蜕变发生,蝴蝶不可能再退化成幼虫。在丝茧中,这只幼虫跟它内在的本性融为一体,在身体与神性的联结中,它达成了终极。"

萨古鲁的双眼闪闪放光,他顿了顿后接着说:"在

第七章　第四夜：神秘家的世界

丝茧里发生的这一幕可以被比作瑜伽。"

他又停顿了片刻，然后说："最近一个世界一流的神经学家告诉我说，在二十四个小时内我们可以完全重塑我们的大脑，也就是说，在一天之内我们可以改变生命的整个基础。我不得不说，这是一件很有意思的事情。他又告诉我说，当我们的脊椎挺直，身体处于安静状态时，大脑的神经活动处于最大值。我们的瑜伽士早在多少世纪之前就了解到了这一点。"

接着，萨古鲁询问我是否听说过，印度一些研究人员曾经对那些参加壹沙瑜伽课程，并已经修行三个月以上的学员进行脑电波扫描的实验。

我点头表示自己听说过。

萨古鲁继续说，科学家发现瑜伽士左右脑之间的配合度非常高。"那意味着，你比以前更多地运用了你的大脑。他们说通常人们一般只运用到大脑潜力的百分之十二，但是以我的经验，我认为人们运用大脑还不到这个百分比。"说着，他以他特有的极富感染力的笑声笑

心灵午夜密谈

了起来。

他又说："瑜伽是成为无限的途径。瑜伽转化并解放人类，使他们达成这种不受限制的状态。人不仅只是像动物那么活着。人始终处于演化之中。'人'并非一种固定的存在状态，他必须成长。一个人要演化，他必须意识到自己的局限，以无比的热情去挣扎和奋斗，我们都有这个潜能去超越自己。瑜伽是发现你终极潜能的一种方法。换一个角度看，瑜伽又是与宇宙之道的合一。从生存中解脱，达成天人合一是瑜伽的目标。"

虽然他说的话令人鼓舞，但是我发现自己还是怀疑这样的转化是否真的会发生在我身上。即便有许多异乎寻常的事情已经发生在我身上，但是我还是怀疑我是否真的能在这一生中实现自我了悟。同时，对瑜伽修行是否真的有助于自我了悟，我也半信半疑。瑜伽作为一种技术，它不仅能影响你的身体、头脑及能量，它还会让你变得更具有接纳性。虽然我知道这些是瑜伽的重要内容，但是我也知道瑜伽还远不止这些。萨古鲁教的有些东西我以前也接触过，但是他将这些瑜伽技术以完全不同的方式组合在了一起。萨古鲁修行过很多瑜伽，也取

第七章 第四夜：神秘家的世界

得了很大的成就。我知道修行会发挥作用，但是或许这个通向悟道的过程中有一些事情不是通过修行就能达成的。有些事情似乎只有当我什么也不做的时候才会发生。我经常听到萨古鲁说："你必须把自己弃置一旁。"

或许这些问题的答案可以在萨古鲁自己的故事中找到。我对他是如何接触到瑜伽的还是忍不住好奇，所以我问他："你有没有一个瑜伽老师呢？"

"有的，"他说，"当我还只有十一岁的时候，我的上师以一个不老的瑜伽士的面目现身在我面前。那时候他七十八岁，后来他一直活到一百零八岁。这个瑜伽士曾经是我尊敬的上师的一个真传弟子。他是来提醒我一件事，我的上师有一个要创造一种永恒的能量形式的愿望。这个瑜伽士教了我一些简单的瑜伽修法。从那之后，这种简单的瑜伽术在之后的十三年时间内，每天都会自动发生。我之所以说它发生，是因为我没有承诺说我一定要每天修行，但是它却一天也不间断地在我体内发生，它让我拥有了一个不管在哪种环境中都能保持强壮而稳健的身体和心灵。不管我在哪里，我每天都做这个瑜伽。从此之后，我就踏上了一条不归路。在这个尊贵的老师的辅助和加持下，我的生命以一种快进的步伐，从一个高峰体验到另一个高峰体验不断地前行。"

"这个瑜伽老师是谁？"我问道。

"这个教了我几个简单的瑜伽术的老师叫马拉迪（Malladi Halli Swami）。"

"他是怎样一个人？"

"他是一个不可思议的人物。他既是一个瑜伽士，又是一个健美师，同时又是一个精通各种武术的专家。除了这些造诣之外，他又是一个伟大的印度传统医师。他可以搭脉诊病。他不仅能告诉你目前的身体状况，他还能预测你以后十五年中你会得什么病。他不仅能当场告诉你这些，他还能教你采取什么样的应对措施。

"他以前常常到我祖父母所在的那个镇上，并在他们家住了下来。我祖父母家的房子很大，光房子就占地四千多平方米，在房子的后院还有一口大井。"

第七章　第四夜：神秘家的世界

"大井是什么意思？"我不记得我在印度看到过什么大井。

"所有那些老式的印度住宅后面都挖有一口井。但是这口井直径约二点四米，井深约四十五米。在夏天的时候，井水约有十八至二十一米那么深。当时我们这些孩子最喜欢的运动就是跳进这口井，然后再爬出来。从井里爬出来可不是一件容易的事，因为里面没有台阶，你得抓住井壁的石块，像一只蜘蛛那样贴着井壁往上爬。

"如果你爬的时候不小心，脑袋就可能撞在井壁上。我们就这样跳进去，爬出来，再跳进去，再爬出来。只有为数不多的几个男孩子才有胆量和能力做这种事。有一天，这个七八十岁的家伙走了过来。他看了看我们，然后跳了进去，结果他爬出来所用的时间比我还短。我可不服气。在我眼里，这个家伙不仅很老，而且可以说是很古老，好像是一个来自古代的人。我说：'好吧，告诉我你是怎么做到的？'

"他对我说：'你过来跟我一起做瑜伽吧。'我就这样接触到了瑜伽。

心灵午夜密谈

"他就是这样一个不可思议的人。他的生活方式也与众不同。一个星期有六天时间他都在旅行，只有一天时间他待在自己的住所。他一辈子中的后九十年都是这样过来的。每个星期一他总是待在自己的住所，因为那一天是他接诊行医的时间。他从凌晨三四点钟开始到晚上八点，一直坐在那里看病问诊。一旦坐了下来，他就寸步不离他的座位，他从不起身吃饭，也不上厕所。

"那些过来给他帮忙的志愿者都是相互轮换值班的，但是他自己却在那里一坐就是十八个小时。而且，每个病人过来，他都会讲一个笑话给他们听。这根本不像是在行医，倒成了一个节庆日。在他身边，人们甚至都忘了自己有病在身。

"接下来的六天他会去旅行，到处做演讲、表演或者去募集资金。他绝对不是一个缺钱的瑜伽士。他之所以花很多时间在募集资金上，是因为他身边有三千个穷困的孩子，他要给他们提供食物和教育。你应该知道，光是为一个孩子提供食物和教育就要付出多少精力和时间，何况是三千个呢。

第七章　第四夜：神秘家的世界

"在我跟他修行瑜伽的六七年里，我和其他男孩经常跟他比赛摔跤。我以前在一家健身房锻炼过，而且每天还要做十二公里的慢跑，所以那个时候我全身都是肌肉，非常健壮。虽然有几个男孩比我还要强壮，但是我还有一个优势，那就是我行动相当敏捷。我会捕蛇，我捕的蛇可不是一般的蛇，而是那种攻击性很强的眼镜蛇，我徒手就能捕捉到蛇，而不依赖任何工具。至今我还具有这种捕蛇的技能。我很敏捷，但是如果要跟老师比赛摔跤，我还差得很远，他总是占我上风。

"为了公平起见，我们三个男孩对付他一个。他已经八十多岁了，而我们三个都是身强力壮的男孩子。这样的比赛往往不超过一分钟，甚至几秒钟的工夫他就把我们几个制服了。所以，我们常常开玩笑似的问他什么时候会死，我们会这样问他：'像你这么下去，你会活到哪一天？我们总有一天会超过你的，但是那个时候你还在吗？'

"他会信心十足地说：'我差不多还有四十年时间可以做完我的事情，然后离开这个世界。'他似乎是一个超人。他讲话的样子让人认为他一定能完成自己的使

心灵午夜密谈

命,但是在一百零八岁的时候,他去世了。

"为了说明他不可思议的生活方式,我可以给你举一个例子。在他差不多八十岁的时候,有一个晚上,他到达火车站的时间晚了一点。这是一个星期天的晚上。不管他星期天在什么地方,他总是会在星期一一早待在他的住所接待病人。

"所以,这个星期天晚上他还在一个叫阿拉斯可(Arasikere)的镇上,离他的住所有七十公里远。但是那天铁路工人在罢工,所以火车停开了,也没有其他办法可以让他回到自己的住所。跟他在一起的还有两个同伴。当他看见火车停开之后,他将两个同伴撂在站台上,自己沿着铁轨就奔跑了起来。一夜之间他跑了整整七十公里,在第二天一早的时候回到住所接待病人。当时很多人并不知道他是怎么回到家的,直到后来他的两个同伴也回到家里,告诉大家说:'老师是沿着铁轨跑回来的!'这时大家才明白过来。

"在一百零八岁的某一天,他正在迈索尔演讲的时候,忽然就倒在了讲台边。他的心脏病发作了,当时我

第七章　第四夜：神秘家的世界

们都搞不清楚他的情况有多严重。当人们把他送到医院的时候，他还处于昏迷中。

"他被安置在二楼的重症监护病房内。半夜的时候，他醒了过来，看见自己身上被插满了各种针管。他以前从来没有进过医院，所以他无法接受这样的事情，后来他把身上所有的针管都拔掉，然后从窗户跳下去逃走了。试想一下，一个一百零八岁的老人从二楼的窗户跳下去！三个月后他去世了。他就是这样一个不可思议的家伙。

"但是，就是这样一个人，当他还是一个八九岁的孩子的时候，你绝不会知道他将来会成为怎样一个人。他小的时候患有慢性哮喘病，他的父母认为他很快就会夭折。他发育不良，个子比一般小孩都要矮小多了。那时候正好有一位瑜伽士来到他们所在的地区，他父母就赶了过去，央求瑜伽士说：'请为他想想办法吧。'那个瑜伽士出于慈悲收养了他，他就跟这个大师共同生活了几年。在大师的照看下，他很快长大了。"

正当萨古鲁讲这个故事的时候，我又冒出了一个新的问题。在听了这么多关于瑜伽对人的益处的故事之后，

心灵午夜密谈

我对萨古鲁怎么会对斯瓦瑜吉所修行的瑜伽不那么看重感到困惑。

"萨古鲁,"我说,"昨天晚上你告诉我们斯瓦瑜吉所做的瑜伽并不重要。为什么这么说呢?我的意思是毕竟它有它的功效,不是吗?"

对于这个问题,他考虑了片刻,然后回答说:"它确实有功效,但是还不够。当你想要的是终极了悟,它就帮不上你的忙了。其他的都不重要。你想要的是上帝还是上帝给你的礼物?斯瓦瑜吉能够将他的能量提升到他的第三眼,即眉心轮,但是他不能获得最终的了悟,所以他依然是一个不幸的追寻者。"

大约一个世纪以前,有一个名为萨古鲁·斯礼·婆罗门(Shaguru Shree Brahma)的人。他以脉轮大师而为人所知,因为他对脉轮非常精通。但是,我个人并不了解脉轮究竟是怎么一回事。

我曾经在很多地方读到过一些关于七个脉轮的讲法,也知道脉轮是人体的能量中心,但是仅止于此,更不知

第七章　第四夜：神秘家的世界

道脉轮是怎样运作并影响我们的，所以我问萨古鲁脉轮究竟是怎样把一切联系起来的。

当我问到这个问题时，萨古鲁的神态一下子变了，就像在他讲到某些话题时经常会发生的情形一样，他的声音中忽然充满着一种能量的强度，令人印象尤为深刻。我曾经参观过位于哥印拜陀（Coimbatore）离壹沙瑜伽中心不远的萨古鲁·斯礼·婆罗门故居。虽然那里空间非常小，维护得也不是很好，但是那里的能量场却很强，当时对我冲击很大。我以前从来不会对任何事物这么敏感。即使现在想到那个地方，我还是感到如触电一般，不由得挺直了脊柱。

正想的时候，萨古鲁的回答把我从思绪中拉了出来。"我们所谓的脉轮是人体的能量中心，"他说，"多数人都听说过人体有七个脉轮，但是实际上在人体上一共有一百一十四个脉轮。

"我们可能没有觉察到人体是一个复杂的能量形式。

除了脉轮，人体内还有七万两千个能量通道。它们被称为 Nadis，人体的主要能量就是在这些通道上运行的。它们在人体上不同的位置相遇，形成一个三角形，我们称之为脉轮，之所以称之为脉轮，是因为'轮'含有增长、力量以及运动的意思。所以，虽然实际上它是一个三角形，但是我们依然称之为脉轮。其中有一些威力很大，另一些则没有这么大的威力。不同的脉轮状态产生了不同的人体素质。

"从根本上来讲，任何灵性道路都可以被描述为从位于脊椎下面最底层的海底轮到位于头顶的梵轮的一个能量之旅。这七个脉轮分别是：海底轮（Mooladhara）、生殖轮（Swadhisthana）、脐轮（Manipuraka）、心轮（Anahata）、喉轮（Vishuddhi）、眉心轮（Agna）、梵轮（Sahasrar）。

"从海底轮到梵轮的运行之旅其实是从一个层面进入另一个层面的过程。这个过程可能会以不同的方式发生。所有不同的瑜伽修行都会影响它们的运行。所以，从根本上看，任何灵性之旅其实都是从最底层的脉轮到最高层的脉轮的一个过程。Mooladhara 是基础的意思，它

第七章 第四夜：神秘家的世界

是生命的支点和基础。它位于脊椎的底端。如果这个最底层的脉轮没有处于运行状态，那么你就失去了生命。但是相反，梵轮如果没有处于能量运行状态，对你是否活着却没有影响。

"Mooladhara（海底轮）实际上由两个词组成：Moola 是根本或者源头的意思，adhara 是基础的意思。所以，它是生命的最为根本的基础。在人体中，你的能量多少必须在海底轮中活跃着，否则，你无法存活。但是当海底轮占主导地位时，你的生活将会被食物和睡眠所占据。

"我们可以以较低或较高来区分脉轮，但是这样说常常容易导致误解。这跟一幢建筑的地基和房顶是一样的道理。房顶并不优越于地基。地基要比房顶更为重要。一幢建筑物的质量、寿命以及稳定性和安全性在很大程度上都取决于它的地基，而不是房顶。但是，我们可能会误解为房顶处于较高的位置，地基则处于较低的位置。

"海底轮上面一个脉轮被称为生殖轮。如果你的能量贯注到生殖轮，你就成了一个寻欢作乐的人。生殖轮就位于你的生殖器官上方。当这个脉轮处于活跃状态，你就会在物质世界寻欢作乐。观察一下那些寻欢作乐的人，你就会发现他们的生命强度要比一个只注重食物和睡眠的人要稍微高一点。

"当能量活跃于脐轮的时候，你就成了这个世界的一个行动者。你可以做许多许多事情。你成了一个永不停歇的行动者。当能量活跃于心轮，你就成了一个创造者，一个具有创意的人，你可能是一个艺术家、一个演员，或者是一个活出生命强度的人——比一个商人活得更有强度，因为商人只是一个行动者。

"Anahata（心轮）的字面意思是'非击打'。如果你想弄出一点声音，你必须击打两个物体。而非击打的声音就被称为 Anahata。心轮是你的生存本能和你的解脱本能之间的一个过渡。它位于心脏的位置。以上三个较低的脉轮主要跟你的身体有关。心轮是一个汇合处，是你的生存脉轮和解脱脉轮相会的地方。

"接下来一个是 Vishuddhi（喉轮），它的字面意思是过滤器。它位于喉咙的区域。如果你的能量活跃于喉轮，那么你就成了一个很厉害的人，但这不只是说你在政治

第七章 第四夜：神秘家的世界

上或者管理上很厉害。厉害可以表现在很多方面。一个人可以只是坐在那里，就完成很多事情，这个才真正叫厉害。他可以以超越时间和空间的限制的方式展现他自己。

"如果你的能量进入双眉之间的眉心轮，你就成为理性上的开悟者。你已经在内心获得一种新的平衡和宁静，外界的事物不再能够干扰你，但是从体验的层面上讲，你还没有获得完全的解脱。

"如果能量进入梵轮，你就会毫无缘由地处于狂喜之中。

"每个脉轮都有不止一个层面：一个是生物体的层面，另一个是灵性的层面。所以，每个脉轮都可以被转化到另一个层面。如果将一定的意识带入其中，跟食物和睡眠有关的同一个海底轮有可能转化到从食物和睡眠中完全解脱。如果你想超越食物和睡眠，你需要将脉轮提升到更为进化的状态。

"将能量从海底轮提升到眉心轮可以采用很多方法，

也必须经历很多过程。但是要从眉心轮提升到梵轮，却是无路可循。你只能跳跃。从另一个角度看，你不得不往上'掉落'。所以，根本不存在怎么样一步一步往上走的问题。你无路可循。正是在这个意义上，许多灵修传统都强调上师在开悟中的作用。除非你具有一颗狂野不羁的心，或者你拥有一位值得完全信任的上师，否则你无法跳进那不可测量的深渊。多数人都缺少这两方面的任何一个条件，所以他们都在眉心轮那里卡住了。这样，内心的宁静与平和成了他们所知道的最高的境界，也正是因为这样的限制，才有这么多的言论认定宁静与平和是最高的境界。"

"萨古鲁，"我问道，"那你讲的这些跟昆达里尼有什么关系吗？"

"人的内在最根本的能量就是昆达里尼。只要一小部分能量就可以满足我们的生存需要。人体内大部分能量都未被触及，潜伏在那里，我们把这样的能量称作昆达里尼，以一条蜷缩成一团的蛇作为象征。

"之所以以蛇为象征，是因为蛇在蜷缩的时候是静

第七章　第四夜：神秘家的世界

止不动的，只有当它游动的时候，你才会注意到它，蛇的本性就是如此。所以，昆达里尼就像一条蜷缩着的蛇。因为这股能量非常巨大，它存在你体内，但是只有在它运行的时候，你才会注意到它的存在，一旦这股能量被激发，它就会对你造成多方面的影响。"

作为一个亲身体验者，我当然知道我从他那里学到的修行方法被用于激发这股能量，从而改善了我的健康状况，在我的血样测试结果中，前后的变化非常明显。医生也对此惊讶不已。昆达里尼能量的唤醒也为我所经历到的其他一些变化提供了解释。比如，我对事物的感知要比以往更为鲜明，更为深入，仿佛万物都以能量振动的形式展现在我眼前。我曾经在喜马拉雅山的圣地有过这种体验，它也出现在我的日常感知中，万事万物都变得异常鲜明而生动了。

"在瑜伽文化中，存在着一些激发昆达里尼的系统性方法。当你内在的能量被触发，你几乎不敢相信你还是你自己。这是一种巨大的转变。它成为你内在的一股无穷的力量。所以，如果昆达里尼在你的身体的不同层面或者在你的脉轮中运行，它会以各种方式影响你生命的方方面面……"

说完，萨古鲁陷入了沉默，仿佛觉得自己已经说得够多了。过了一会儿，我意识到需要改变一下话题，问道："那么在斯瓦瑜吉身上又发生了什么事情呢？"

萨古鲁接着他之前讲到的故事说了下去："虽然斯瓦瑜吉接触了各种修行方法，并掌握了它们。但是，在进到眉心轮之后，他停滞在那里，经过无数努力，最终的开悟还是没有发生。后来他看到了一位上师，在那一刻，他认识到这位上师已经达到了意识的顶峰。

"直到那一刻之前，他一直没有找到一位可以将他引向终极了悟的上师。虽然他也遇到了许多具有很高意识进化水准的人，但是他始终不肯接受他们中的任何人作为他的上师。他只想着斯瓦本人能够降临在他面前来启示他。斯瓦被认为是具有最高成就的人。对他而言，斯瓦是唯一的上师。

"对斯瓦瑜吉而言，斯瓦就是上帝。只有斯瓦才会被他接受为上师，否则，他会坚持自己一个人修行。但

第七章　第四夜：神秘家的世界

是当他看到此人，认出他处于意识的顶峰之后，他开始接受这位上师。

"虽然他对这位上师具有一定程度的信服，但是在他内心还是有某些抵触。因为他认为自己只能对斯瓦本人完全信服。这位上师是一位开悟的瑜伽士，他看到斯瓦瑜吉对于终极真相的热切追寻，以及他为了超越眉心轮的种种挣扎，出于慈悲，他用自己的拐杖在斯瓦瑜吉双眉之间的额头上轻轻地碰触了一下。

"就在那一刻，斯瓦瑜吉融进了他的终极本性，但是他内心还是孩子气似的渴望见到斯瓦。那个仁慈的上师，为了满足他的愿望，化身为斯瓦出现在他面前。斯瓦瑜吉跟他的上师在身体意义上的接触时间非常有限。但是他们通过其他方式，一直保持着接触。

"这位上师想为人类带去一份礼物，这份礼物就是建立一种无比均衡的能量形式来帮助人类实现无障碍地转化自己，这能够使任何想进化自己意识的人都可以从这种能量形式中获益。而不知道什么原因，他认为斯瓦瑜吉是一个合适的人选，他认定斯瓦瑜吉有能力去完成

心灵午夜密谈

这个使命。在他离开他的躯壳之前,他将一种永恒形式的规划传递给了斯瓦瑜吉,并将这项工作托付给他(这个信息并不是通过语言来传递的)。他还交代说,这个任务必须完成,并将相关技术传授给他。

"斯瓦瑜吉马上着手开展这项上师交代的工作。出于种种原因,他最终无法完成上师的规划——建立一种能量形式(这种能量形式渐渐以'迪亚纳灵伽'而为人所知)。"

当我询问萨古鲁为什么世界上开悟的人这么少,他告诉我说,大部分开悟的现象都发生在脱离肉体躯壳的那一刻。我曾经在书中读到,佛陀开悟之后写下了如下一首诗:

在无尽的转世中,
我穿越轮回不停地追寻,
依然未曾找到那所房屋的建造者。
噢,一再的投胎转世是多么的痛苦!

第七章　第四夜：神秘家的世界

> 房屋的建造者，如今你已被看清，
> 　你不必再次建造房屋。
> 　你的屋椽已经崩溃，
> 　你的房梁已被拆除。
>
> 那无形的涅槃已经在我心中证悟，
> 　一切的欲念已然熄灭。

佛陀又说："我已证悟到无生[①]，我的证悟坚不可摧……"

我想佛陀话里的意思可能是表示他已经不再跟自己的躯壳与个人身份相认同。我也不知道解脱到底意味着什么，这让我想到斯瓦瑜吉的上师。

我曾经听说过许多瑜伽士的故事，据说他们中有些人很长寿。我还记得在《一个瑜伽士的自传》一书中讲到瑜伽士可以展现很多不可思议的奇迹，虽然我的思想并不保守，但是对这样的事情还是抱持怀疑的态度，至

---

① 出生之前就存在的本性。——译者注

今仍然认为这些故事只是象征性的,而并非事实。

"谢丽尔,当你的意识不再跟你的身体和头脑相认同,许多事情都有可能发生。许多看上去像是奇迹的事情也会发生。"

"萨古鲁,"我问道,"但是奇迹是怎么发生的呢?"

"你是不是在问什么是奇迹?"萨古鲁说,"奇迹总是在自然的律则范围内发生。但是以你目前的认知水平,你还无法了解这些律则。是这些律则让有些事情发生了,但是你无法理解或者掌握它们是怎么发生的。你看到了结果,但是却看不到过程。

"要理解一个具有不同感知水平和能力的人是相当困难的,对吗?甚至动物也具有跟我们不一样的感知水平。在地震中,所有的动物都会跑到更高的地面上去,因为它们具有跟人不一样的感知能力。

"假如你不知道电流,也不知道它可以产生光亮,你看到的这个手电筒对你来说不过是一根金属管而已。

第七章 第四夜：神秘家的世界

如果我告诉你说这个东西可以发光，你会不会相信我？你当然不会，但是假如我打开手电筒，把这个地方统统照亮，这就成了一个'奇迹'。你很可能以为我是上帝或者是上帝之子，至少你会以为我是上帝派来的。因此，我身边的人们谈论那些发生在他们身上的各种所谓的奇迹，只因为他们搞不懂它们是怎样发生的。这个宇宙有许多不同的层面，并不只是这个物质世界，对那些只知道物质世界的人，任何超越物质世界的事情都被看成是奇迹。

"这些所谓的奇迹会以各种方式显现。你出生的时候，身体很小，而现在它变大了，"他微笑着说，"抱歉，我并不是说你是个胖子。你给身体提供食物，但是它的成长发生在你内在，成长是由内而外的。

"创造的基础，也就是那个创造者，是在你的内在。而当身体的制造者是内在于你的，假如你需要对它做一些维修，你应该去找那个制造者，还是去找当地的机械师？

"我已经将你介绍给了那个制造者，所以不要为了奇迹而责难我。我一向不看重奇迹，因为我不想人们为了奇迹而来到我这里。我希望人们带着真诚的求道之心而来。

"'迪亚纳灵伽'将所有内在能力的最高形式展现为一种外在的形式。它如何辅助意识的演化是一件很难讲清楚的事情。或许要花上几百年的时间，他的真正价值才会被人们认识到。有很多其他瑜伽士也在尝试创建'迪亚纳灵伽'。在印度，这并不是一件新鲜事，但是许多世纪以来它几乎失传了。"

萨古鲁停止了讲话，以他那超尘脱世的样子陷入了沉静之中。这让我有了宽裕的时间酝酿我的问题。此时，篝火几近熄灭，我又找了几根树枝堆在微弱的火苗上。里拉似乎又一次飘进了沉思冥想之中，每当萨古鲁处于内敛沉静的时候，她就会这样，仿佛她不想错过任何一个踏着萨古鲁的能量波浪进入冥想状态的机会。

过了一会儿，又一个问题从我嘴里冒了出来："萨古鲁，究竟什么是'迪亚纳灵伽'？在我碰到你之前，我从来没有听说过这个词。"

"在梵文中，"萨古鲁以他一贯的耐心回答说，"'灵

第七章 第四夜：神秘家的世界

伽'（linga）的字面意思是形式。任何一种形式或者符号都可以被称作'灵伽'。'灵伽'本身具有无可穷尽的含义。从古至今，在世界各地，人们对通过符号表示宗教和哲学的理念并不陌生。'灵伽'是一个椭圆体，这是最为原始的一个形状。另外，当一个人在消逝之前将能量提升到其峰值的时候，这个能量最终呈现的形式也是一个椭圆体。伽利略曾经还讲到过宇宙的椭圆特征。在宇宙形成之初，椭圆是第一个出现的形式。一个'灵伽'可以是自然呈现的形式，比如一块岩石，也可以是一种被创造出来的形式。'灵伽'的形状使之可以作为能量的常年储藏仓库来运转。大部分的'灵伽'是通过念诵来激发的。"

"迪亚纳灵伽"是由萨古鲁在印度的道场所创立的。在创立的时候有很多故事在人们中间流传。它是一种被禁锢在一个椭圆结构中的能量形体，这个椭圆结构的建筑物被一座美丽的圆顶建筑包围着，这就是'迪亚纳灵伽'修道场。在里面静坐和修行会给人完全不同的感受。但是在这件事上，不管我听说过多少故事，询问过多少问题，还是有些东西是我所无法理解的。我想听听萨古鲁本人是怎么说的。

心灵午夜密谈

"'迪亚纳灵伽'是什么?它是怎样运作的?它的原理又是什么?"

"'迪亚纳灵伽'是用于转化一个人的巨大的工具。通常人们不能够充分认识到它的潜能和价值,它是神性的最高表现形式。所有七个脉轮都在它里面充分运转。坐在'迪亚纳灵伽'里面跟坐在一位上师身边的功效是一样的,它可以厘清你内心所有的混乱。要发挥'迪亚纳灵伽'的功用不是那么容易的,因为在某个形式中赋予能量是一个复杂而艰难的过程。"

在我在印度真正接触到'迪亚纳灵伽'之前,我总是认为人们谈论的能量形式不过是故弄玄虚或者是他们意想出来的古怪念头而已。事实上,如果我不是从萨古鲁嘴里听到它,我决不会相信这一类事情。我认为所谓的能量形式是不存在的。有一次,我跟萨古鲁说我不相信能量形式,他睁大眼睛看着我,反问我:"为什么不呢?你本人就是一种能量形式。"

如今,基于我的亲身体验,我知道"迪亚纳灵伽"确实容纳着威力巨大的能量。当我第一次坐在"迪亚纳

第七章 第四夜：神秘家的世界

灵伽"里面的时候，我非常喜欢待在那里。这是一种美好的感受，其中还包容着某种深度。但是，除了认为它是一个静坐的好地方之外，我并没有更多地思考其他问题。只是在我又去过那里几次之后，我才发现自己的体会似乎发生了某些变化。那是一种生机勃勃、唾手可得的体验。我以前从来没有真正认真地静坐过，所以当有一次，我看手表的时候发现已经过去几个小时了，我感到非常吃惊。那时我才开始对"迪亚纳灵伽"产生了真正的好奇。我确信自己在里面只坐了几分钟，突然外面的天色就暗了下来。时间似乎蒸发了。我依然不知道那是怎么发生的，但是我跟萨古鲁相处的时间越久，发生在我身上类似的体验就越多，我更加认定这一定是萨古鲁帮助我们接触到了存在的另一个层面，而这个层面我们多数人根本不知道它的存在，更别说跟它接通了。

此时篝火的火苗逐渐减弱，里拉起身捡了几根树枝扔了上去。火星一下子四溅开来，火焰也腾空而起。里拉又坐了下来，萨古鲁则正安详地凝望着天空。

"萨古鲁，你刚才讲到斯瓦瑜吉的开悟，以及他建造'迪亚纳灵伽'的使命，后来又发生了什么事情？"

心灵午夜密谈

"在接受了他伟大的上师交给他的不朽使命之后,斯瓦瑜吉马上投入到完成使命的工作中去。但是,当他按照自己的体系为此做准备时,他意识到建造'迪亚纳灵伽'的时机还没有成熟。接下来他花了几年时间完成了一些必要的准备工作,但是,很遗憾他最终没有完成这个使命。后来,在印度南部的泰米尔纳德邦(Tamil Nadu),萨古鲁·斯礼·婆罗门诞生了。

"萨古鲁·斯礼·婆罗门在发现他的恩师曾经有意识地在维灵吉瑞山脉上脱身而去之后,他开始在山脚下建立和供奉这一个永恒的能量形式。

"萨古鲁·斯礼·婆罗门以极大的热情投入这项任务。当他发现要完成这项重要任务需要来自社会的支持,他就着手在那个州建立了七十个相关机构,包括学校、孤儿院和修道场。

"与此同时,他开始与一群亲自挑选的弟子一起为供奉而协同工作。这样密意的努力遭到了当地一些权势家族的反对,以至于困难重重,令萨古鲁很难继续他的工作。当这帮反对者开始迫害他的弟子时,萨古鲁意识

第七章　第四夜：神秘家的世界

到他将无法实现上师交给他的遗愿。为了建造'迪亚纳灵伽'，他把所有的生命强度都消耗在其中，因此而缩短了他生命的长度。随着他离世的时间越来越逼近，又因为遭遇到很多社会阻力，使他建造'迪亚纳灵伽'的努力陷入困境。

"时间逼人，像萨古鲁这样一个成就很高的瑜伽士，也会在那一刻感到焦急与愤怒。他开始向位于安得拉邦（Andra Pradesh）古德伯（Kadapa）的索马希那（Somashwar）寺庙进发，在那个寺庙里，他曾经跟随上师一段时间，所以萨古鲁希望到那里寻求他上师的庇护。他心急如焚，健步如飞，与他的一个弟子一刻不停地往索马希那寺庙赶去。

"他在那里花了几个月时间，制订了一个详细的关于建造'迪亚纳灵伽'的计划。

"在完成了这项秘密而详尽的计划和程序之后，他又走回到了哥印拜陀，在与弟子们相处了一小段时间之后，他最后一次爬上了神圣的维灵吉瑞山。对他来说，这是一座不同寻常的山，因为他的上师不仅亲自爬上了这座神山，

心灵午夜密谈

而且把他的躯壳留在了山上。他爬上山，花了一天半时间为在他离开躯体的时候做好各种调整与准备。他想通过这个来说明他具有足够的资质来创造这种永恒的能量形式，以及那些意料之外的时间上的推迟，只是由于他未能处理好那些未知的社会因素。

"萨古鲁认为创造永恒的能量形式的时候，一定要以社会活动能力武装自己。"

讲到这里，萨古鲁停了下来。就像我第一次参访"迪亚纳灵伽"的时候一样，我忽然意识到自从我们来到这里，几个小时已经过去了，但是感觉上只有几分钟，时间仿佛消失在夜空中。

在深深的沉默中，在我对今晚谈话的回味中，我们回到船上，踏上了返家之路。

第八章
最后一夜：深入领悟

自我了悟并不是上师赐给你的。他只是帮你将你自己看不清的障碍清除。

——萨古鲁

第二天早晨，空气清新宜人，万物生机勃勃，山间美景令我们仿佛置身于天堂。尽管前几个晚上我们很早就聚在一起，我也知道在白天萨古鲁的注意力不在我俩身上，但是我还是期待萨古鲁在这样灿烂的一天能与我们在野外共享良辰美景。

幸运的是，仿佛老天知道我跟萨古鲁相处的时间已经不多，所以特意满足了我的期待。在白天，我和里拉确实有过一些跟上师相伴的片刻，不过都是随性而至，没有刻意安排。一早的时候，萨古鲁接到一个来自印度的电话，来电者说有一件重要的事情要告诉萨古鲁。为了事后了解是什么事情，我来到他的房门前轻轻地敲门。我并不想打搅他，但是门虚掩着，所以，在他没有回应的情况下，我溜了进去。他正盘坐在铺在硬木地板上的一块印第安小地毯上，看上去全神贯注、深不可测。我

第八章　最后一夜：深入领悟

感觉他仿佛根本不在此地。我立刻轻轻地关上门离开了房间。

一个小时后，萨古鲁下楼打了几个电话，又查看了一下电子邮件。他收到了将近两百封电子邮件，看来他是一个很忙碌的神秘家！因为我们白天很少见到他，加上碰巧我这儿的邻居是一个喜欢打高尔夫的人，所以我问他是否能让我帮他安排一次高尔夫比赛。他答应了。我很开心他愿意享受一下户外时光。我不愿意看到他错过这么美丽宜人的户外时光。这下好了，我知道高尔夫是他正在习惯并乐在其中的许多西方运动之一。

实际上，就在几个月前萨古鲁的上一次美国之行中，我第三次看到他打高尔夫。他看上去挺喜欢这项运动，而且打得很棒。如果要为瑜伽做宣传，看萨古鲁打高尔夫肯定是一个不错的广告。我听到过一些高尔夫教练在谈论他们怎么教人将球打到界内，而我从来没有看到萨古鲁将球打出过界内。我很喜欢看他打球，因为这跟他在瑜伽课程班上的样子形成了一个鲜明的对比。当你坐在他面前的时候，他是如此遥远、神秘，仿佛来自另一个世界，但是当你看到他打球时呈现出来的孩子般的认

心灵午夜密谈

真投入和敏捷身手时,你一定会大感惊讶。萨古鲁对比赛相当认真,打球绝对以胜出为目的。

那次跟他一起打球的伙伴都是一些商界人士,他们同时也是壹沙瑜伽的修行者。他们知道萨古鲁以前只打过两次高尔夫。他们都是相当出色的高尔夫球手(至少他们自己这么认为),所以他们觉得指导萨古鲁怎么玩这个美国游戏是他们义不容辞的责任。用他们自己的话说,就是"帮助上师学会打高尔夫"。然而,结果却大大大出乎他们的意料。

尽管萨古鲁有着容光焕发的棕色面庞和飘逸的胡子,但是在球场上引起轰动的可不是他的外貌,而是他打高尔夫的方式。萨古鲁似乎只喜欢那一根木制的有着较大击球面积的球杆,那些"自豪的高尔夫球手们"除了告诉他应该怎样握杆、怎样弯膝之外,还给他解释为什么他应该使用不同的球杆来击球。萨古鲁对他们说:"别管我,只管告诉我球应该往哪里打就行了。"这些球手没有领会他的意思,坚持要指导他。他最后说的一句话终于让他们停止了指导的努力,他说:"没有那么多讲究,我知道怎样击打一个球,只要告诉我往哪里打就好了。"

第八章　最后一夜：深入领悟

这时他的这些伙伴才做了让步，把他想要的那根球杆交给他，他立刻将球击出两百四十多米，落在一片绿地上。在场的每个人都哑口无言，我和里拉竭力控制住自己才没有笑出声来。之后，他们就再不敢充当教练了，真正的比赛才正式开始。那一天，除了有几次补击，萨古鲁以低于标准杆数三杆的成绩结束了比赛。在场没有人听说过哪个新手能打出这么好的成绩来，更何况他用的还是一种非常规的打法。

令我失望的是，今天我的邻居都不在家，所以高尔夫球比赛看来是无法进行了。萨古鲁并不在意，并说自己很想去冲浪。我知道他可能真的很想去，要不是这一周他的日程安排都相当重要的话，他或许早就踏上摩托艇了。这些摩托艇都是新的，我们把这些摩托艇扛出来的时候，我儿子也参加进来了，他为我们挑了一些速度很快的摩托艇。坐在这样的摩托艇上，对我来说就像坐在火箭上一样。

我们三个人很快地换好衣服，带着救生背心、毛巾以及钥匙往码头赶去。萨古鲁一下子跳上了摩托艇，我正要告诉他该怎么操作时，他已经将艇开走了。当我和

心灵午夜密谈

里拉解开另一只摩托艇的时候,萨古鲁已经以至少每小时九十五公里的速度从我们的视野中消失了。我们开动摩托艇,在后面追赶他。这有点可笑,因为我们根本就找不到他的踪影。我们以所能承受的最高速度前进,里拉在那里不断地惊声尖叫。

这一天天气十分好,我们也玩得很开心,在水花四溅的摩托艇上度过这样一个下午,我想不出比这更好的安排了。萨古鲁还在湖边发现另一个可以用来做篝火夜谈的小岛。虽说我很享受白天的美妙和刺激,但我还是迫不及待地期待着夜晚的到来。我喜欢我们的午夜密谈。

几个小时之后,我们回到了家里。萨古鲁再次回到了他房门紧闭的房间,我和里拉则又回到码头那边散步聊天。今天早些时候,萨古鲁提到他曾经有一次去了阿巴拉契亚山脉,还发现另一个很美的地方。我问里拉是否知道萨古鲁去了哪个地方,她告诉我那是一个叫中央山湖(Center Hill Lake)的地方,离纳什维尔(Nashville,美国田纳西州首府)只有几个小时的车程。她说那里相当原始而偏僻,你可能走几天路也碰不到一个人。里拉又说,就是在那里萨古鲁写下了《美洲》(America)这

第八章 最后一夜：深入领悟

首诗。我记得那首令人激动的诗，那是一首萦绕人心的诗，讲述了被征服和羞辱的美洲原住民的悲惨命运。我问里拉她是否知道这首诗是在怎样一个环境下产生的，她告诉我，在写作这首诗之前，萨古鲁一个人在森林里散了一圈步，回来之后，他看上去冷冷的，不太好接近。

"我认识萨古鲁已经好几年了，但是那一天他表现得不同寻常，"她说，"在他消失了几个小时之后回到小屋里的时候，他似乎处于一种强烈的心理状态中。他整个人似乎并不处于当下的时空之中，但是又似乎全然地处于当下。我知道这个说法自相矛盾，但是那一天他那样的一个形象一直留在我心中。"她说，后来萨古鲁跟她讲述了他在森林里散步的时候所发生的事情，不过里拉并不想告诉我这件事，她想让我自己去向萨古鲁了解。

里拉讲的这件事让我对萨古鲁究竟过着怎样一种生活再次感到好奇，他所看见和了解的都是我们无法感受的。我决定今晚一定要打听一下这件事。我还想问问他我跟拉姆·达斯那一次奇特的遭遇，因为那一次我也见识了一些超出日常经验的事情。在某种程度上，我跟拉姆·达斯的遭遇也是让我对萨古鲁一见如故的原因之一。

心灵午夜密谈

现在，在我们关于脉轮和昆达里尼的谈话之后，我很想搞清楚那次我跟拉姆·达斯碰面时究竟发生了什么。实际上，我希望了解我们怎样才能以不同的方式去体验生命，或者说，去体验生命的其他层面。

当我们在篝火旁坐定之后，我问萨古鲁我是否可以让他谈谈在我身上发生的一些事情。我对提出这样一个私人性质的问题感到有些惴惴不安，但是我还是坚持将问题提了出来，因为在我的内心一直有这样一个疑问。正如我所知道的，萨古鲁表示我可以问任何问题。

四周蛙声一片，时不时还有猫头鹰的叫声。我坐在那温暖的篝火旁开始为自己的问题寻找措辞。问题是我都不知道怎样描述那件曾经发生在我身上的事情。当时我还十分年轻，确切地说，当时我只有二十二岁，带着一肚子困惑想要找到答案。那个时候，我已经阅读过很多关于瑜伽、开悟以及东方宗教的书，我自己也曾经有过一些在禅坐中的异常体验。因为这些我读过的书和我自己的一些体验，我相信除了这个物质世界一定还有更

第八章 最后一夜：深入领悟

多我们所未知的领域，我也知道上帝并不是某个住在遥远地方的"慈祥外祖父"。

随着对密意知识的研究的深入，我发现很多书中都讲到上帝只有一个，但上帝又以无穷多的形式呈现出来，我们只是没有意识到而已。当时我的内心一直被这些观念所缠绕。

所以，当我见到拉姆·达斯，我就将那个一直折磨我的问题提了出来，那就是：既然我所体验到的事物都是独立而分离的，万物怎么可能是一体的呢？尽管我也了解到万物多少是相互关联着的，我也听说生活就是幻梦（Maya），这让我颇为愤怒，因为这种讲法似乎非常冷漠无情。生活是如此严酷，不可能把它看成是一部电影。我想，要认识到生活是不真实的，是一场幻梦，这是相当令人痛苦的，虽然我也逐渐地意识到万物是短暂而易变的，但是什么才是真实的呢？我不知道。什么不会消失呢？是否有什么事情是真实不变的呢？我是否可以了解到这个真实不变的东西呢？

当我坐在拉姆·达斯对面的时候，我的脑子里就是

心灵午夜密谈

这样一片混乱。那个时候,他刚从印度回来不久,在印度他跟他的上师尼姆待了很长一段时间,也在灵修上花了不少功夫。我有一些朋友当时为了跟他待在一起而搬迁到纽约,他们给我打电话说他即将要到亚特兰大,叫我去见见他。那个时候我的兴趣不是很大,但是当我在位于亚特兰大的斯通山(Stone Mountain)听了一场他的演讲之后,我感觉有什么东西驱使我要跟他接近。当我问拉姆·达斯是否能安排时间跟我见面的时候,他盯着天花板看了几分钟,然后说:"好的,没问题。明天你到斯通山旅馆来吧。"他告诉了我时间、地址和房间号码。第二天,我就准时到达了。

我敲了敲门,拉姆·达斯叫我进去。当我打开门时,他正双腿交叉地坐在旅馆的床上,我问他是否正在休息,他说:"生活就是休息。"我想,对他来说,他肯定很享受这种生活,可是对我来说,生活是一种挣扎。我拉了把椅子,坐在他的正对面,我们就这样开始了交谈。他问我为什么想跟他见面,我告诉他这很难用语言讲清楚,但是我或多或少地觉得自己受到某种束缚,我想要解脱。我相信一个人可以经验到更为广阔而丰富的人生。在交谈中,他好像知道我的内心,开始讲述一些关于我

第八章　最后一夜：深入领悟

本人的事情。他还讲了很多对我私人生活的洞察。

接着奇怪的事情发生了。当我们正坐在那里交谈的时候，拉姆·达斯看上去不再像他本人。我坐在那里看着他，他的样子仿佛完全变了。他仿佛以很多不同的面貌出现在我眼前，看上去似乎是某种远古智慧和神性的化身，在我看来，就像是各个不同大师的示现。似乎在每一次呼吸之间，他就转变成另外一个开悟者。过了一会儿，他问我发生了什么事，我想我当时的表情一定非常有趣。我说没什么事，我只是在观察他的"变形"。他说："你受得了这个吗？"我说："还行。我几乎不能相信自己的眼睛，但是这又似乎比我曾经经历的一切都要真实得多。"奇怪的不仅是我见证到某个人的"变形"甚至消失，更奇怪的是这种经验居然似曾相识。我自己好像同时也坐在我对面，我仿佛回到了心灵之家，回到了真正的自己。这种经历令我意识到我们的外形是如此转瞬即逝。我领悟到我们的个人身份也是转瞬即逝的，但是在我们内心拥有某种绝对不变的东西，我渴望能够发现它。

这种经验的力量极为强大。它让我明白我们都有一

心灵午夜密谈

个同样的内在真我,它只是被我们每个人不同的个性和其他什么东西给掩盖起来了。那次见面之后,我变得满心欢喜。我以为自己在发现真我的道路上不再会有任何困难。

当然,跟很多人讲述这个经历会让我感到不那么自在。大多数人会把我当疯子看待。我有一个朋友的确这样认为,他说那肯定是迷幻药在起作用,但是之前我从来没经历过这样的迷幻体验,之后也没有,所以我知道这不是迷幻药的效果。我认识的一个人告诉我说,可能是我的第三眼的眉心脉轮被打开了,但是我自己确实不知道究竟发生了什么。我只知道我被这个经验深深地击中了,让我变得渴望发现更多的真相。后来,我又到拉姆·达斯在北加利福尼亚的家里拜访他,我问他是否是我的上师。他说不是,他不是一个上师。他说,有时候当一个人追寻真相的渴望非常强烈的时候,这样的事情就可能会发生。他说当我碰到自己的上师的时候,我自己会知道。当时我以为自己的灵修之路已经启程,自己即将面临重大的转变。这一切都发生在三十多年之前。

在八月的这个夜晚和这个小岛上,我们坐在篝火旁,

第八章　最后一夜：深入领悟

我把自己跟拉姆·达斯见面的故事告诉了萨古鲁。我对萨古鲁说："当我第一次看到你的时候，你给我的印象跟多年以前拉姆·达斯给我的感觉是一样的。这种感觉是这样熟悉，我只听到自己心中'噢'一声。我知道我又碰对了人。那种真实不虚的感觉又回来了。"

萨古鲁接着我的话开始给我解释这件事。"就像你所知道的，拉姆·达斯去过尼姆那里，"他说，"尼姆是一个具有巨大能力的人，他是一个心灵导师，他没有受过教育，这样他就没有这方面的负面影响。我必须使用你的语言来跟你交谈，并且讲一些以你的感知能力所能理解的事情。

"你看，谢丽尔，我跟你交谈是颇费心思的。但是对于尼姆来说，他根本不会顾虑到这个，那就是没有受过教育的自由。因此，出于他对拉姆·达斯的爱，或者出于拉姆·达斯自身的真诚之心，某一个新的层面就降临到他的身上。

"我不知道拉姆·达斯是否只是在某个时刻对你说这样的话，或者他是否对每个人都这样说，但是就事情的本质而言，拉姆·达斯不可能成为你的上师。然而，他可以是将生活的另一个层面展现给你看的窗户，正如他所做的那样。因为拉姆·达斯他自己不具备那样的能力，他自己的修行没有达到那样的程度。拉姆·达斯之所以是拉姆·达斯，是因为他做了一件有意义的事情：他跟一个像尼姆这样的人待在一起。他具有足够的辨别能力，所以他跟尼姆坐在一起，他吸收了尼姆的某一个方面的能量。尼姆想要打开很多窗户，所以他给拉姆·达斯开了一个窗户，让他回到美国。"

萨古鲁问我是否熟悉微软的视窗操作系统，"我想你用的是视窗XP。你知道那个东西吗？我说的窗户有点像这个。那是一种软件，一个视窗。尼姆开了一个视窗，然后送到美国，这样你才能看到某些东西。如果你跟他坐在一起，全心全意地待在那里，那么你就能看见某些东西，但是那个视窗本身可能无法看见什么东西。"

"视窗本身看不见东西，"萨古鲁说，"我们的老师就是窗户。他们能够让人经验到或者看到许多超出他们能力范围的事情。窗户只会展示给你看。那时他们就不再以老师的身份出现，他们只是作为一个窗户展示给

第八章　最后一夜：深入领悟

人看他们或许没有看到过的事情。这也是很多老师曾经有过的体验。壹沙瑜伽和'内在工程'课程就是一个威力强大的灵性体验媒介，我们的老师都要经过相当繁重的训练，也就是说，要经过密集的修行，许多人通常要花五年到八年的时间。他们要学会放空自己。他们必须学会让自我处于一种缺席的状态，这样那些超出他们自身领悟和能力的事情就会发生在他们身上。他们会在自己的班上发现很多人体验到了一些他们自己都没有体验到的事情。他们自己或许都没有体验过的事情，通过他们，却被其他很多人体验到了，通过这样的视窗，你可以目睹喜马拉雅山的壮美，但是视窗本身并不知道喜马拉雅山。

"所以，拉姆·达斯是一个好的视窗，他没有受到淤泥的污染，是一个干净的玻璃窗户。这个视窗可以展示给你看很多精彩的事情。拉姆·达斯向你承认他不是你的上师，这是相当令人惊讶的一件事。他只是一个窗户。这很好。他非常谦卑。因为大多数人如果处在他的位置都会宣称他们自己就是喜马拉雅山。拉姆·达斯是一扇很好的窗户，因为他知道自己的位置。他知道他美在哪里，也知道他的位置在哪里。一个人知道自己的局限，并对

心灵午夜密谈

自己保持诚实，这是一件相当了不起的事情。

"我讲的不是那种为了便利自己而给自己设置的种种规范，我讲的是大自然给你设定的规范。承认自己的局限就是一种谦卑，它让你知道自己的位置。知道自己的位置是很重要的，因为不管你把自己设想成什么人，对你都没有好处。"

萨古鲁又说："我可以给你讲一个笑话吗？我们正在谈论的是一个大师'变形'的严肃话题，所以我不知道能不能插一个笑话进来。"

"可以啊，"我说，"我喜欢听笑话。"听了我的故事后他并没有认为那个是我一时的幻觉，这点让我很高兴。他非常认真地对待我所讲的事情，并且帮助我真正地去理解这些事情。

萨古鲁眉开眼笑地开始讲他的笑话。他热衷于讲笑话，跟他热衷于体育比赛不相上下。

"有一天，一个农民牵着一头牛在田间放牧。牛在

第八章 最后一夜：深入领悟

吃草，那个农民在帮它除掉身上的虱子。他们彼此非常熟悉，他们每天就是这样生活的。忽然这个农民起了怀旧之心，他说：'我年轻的时候会飞，经常坐在那棵大树最顶上的一根树枝上，但是如今我却连最下面的一根树枝都够不到。'那头牛无动于衷地说：噢！这很难吗？只要吃了我的粪便，它里面有很多营养成分，可以帮你上到树顶。'农民说：'真的吗？你的意思是只要吃了你的粪便，就可以让我上到树顶？'牛回答说：'没错，不信你试试。'那个农民犹豫着吃了一点牛粪，就在当天他就飞上了最下面的那根树枝！接着他每天都会吃更多的牛粪，在两周的时间里，他就飞到了最顶上的那根树枝。只要吃牛粪就可以像自己年轻的时候那样坐到树顶上，这让那个农民异常兴奋。那时农场主正坐在自己的阳台上，看到了那个胖胖的农民坐在树顶上，他非常生气，拔出自己的手枪，一枪就把农民打下了树！这个故事的寓意是：牛粪（Bullshit，英文中还含有夸夸其谈的意思）可以让你一步登天，但是它可不会让你一直待在那里。"

我们笑完之后，萨古鲁又回到了原先那个话题。

心灵午夜密谈

"所以,你把自己想成什么人并不重要,"他说,"你可以给自己编很多故事,你可以把自己想象得非常神奇,但是这跟现实的你本人毫无关系。你的观念或者思想或许有某些社会意义,但是也仅止于此。你在整个存在中的方式——我想强调这一点——也就是你当下的存在状况会被生活本身侦测到,而创造生活的源头,也就是你所称的上帝,会完全按照你当下的状况来看待你,而不是根据你希望的样子来看待你,它依据的不是你的穿着、你的模样、你说话的腔调,它依据的也不是你自己认为自己是什么样的,或者周围人对你的想法。你实际上是什么样的就是什么样的。

"你可以欺骗自己,你可以欺骗社会,你可以欺骗你周围的世界,你还可以欺骗朋友,但是存在无法被欺骗。想要欺骗存在等于让自己出丑。你真实的样子是无法逃避的,无论你如何假装。所有的欺骗都是头脑的产物。你的基本的存在不属于头脑。灵性的另一个说法就是超越头脑。就在此刻,你所有通过感官的认知都经过了头脑的加工。头脑就是一个让你相信的工具,也就是在这种意义上才有这样的说法:一切都是幻梦泡影。"

第八章 最后一夜：深入领悟

在聆听萨古鲁回答我的问题的时候，我又一次陷入了深深的宁静。他的回答切入了我的内心，跟拉姆·达斯相遇的那次经验改变了我，萨古鲁让我对这个改变有了更为清晰的认知。跟拉姆·达斯坐在一起，我真正地领悟到上帝就是你自己，那个内在的真我始终在观察着我的生活，而这个真我存在于每个人的心中，也遍布于万事万物。我们都有一个同样的真我。我们有着不同的个性和自我，但是我们内在的真我是同一的。当那个真我通过拉姆·达斯唤醒了我，我感到整个人都沐浴在爱之中——那种爱撕去了我所有的伪装。我渐渐意识到，如果整个我都暴露在真我的光辉中，而我又处于无条件的爱之中，那么还有什么必要去掩藏自己呢？这个觉悟让人如释重负，感觉就像一切都被宽恕了，因为无论怎样你都是被爱着的，也无论你是怎样一个人，你都是自由的。

思考着萨古鲁的话，我想起了几年前，我跟他还有一群修行者一起在喜马拉雅山登山时发生的一些事情。那次登山最艰难的部分是在一个叫塔普凡（Tapovan）的地方，那里海拔有四千四百五十米，其中有一段坚硬的冰川带。在那里有一位令人敬畏的妇女，她穿了一件引人

心灵午夜密谈

注目的漂亮的贴身纱丽服,那是一种印度城市妇女穿的服装。不过这身漂亮的服装出现在冰山上多少有些不合时宜。那位妇女非常热情好客。有人告诉我们,她叫孟加拉妈妈。她住在一个天然的岩洞中。似乎有很多人到山上去拜访她,她被当作一个心灵导师而为人所尊敬,在当地非常有名。

我们一群人中有些人跑到她的住所去看她,对她表示敬意。她问他们来自哪里,他们告诉她来自印度南部,是跟他们的上师萨古鲁一起来的。她又问:"谁是萨古鲁?"其中一个修行者就把萨古鲁的照片给她看,她看了好一会儿,然后说:"他已经不在了!他完成了他的使命,早就离开了。他已经不在了。"

她的话触动了在场的几个人的神经。事实上,她身上的某种东西一开始就震撼了他们。她具有很强的能量场。去看她的其中两个人第一次接近她的时候就泪流满面。当他们坚持说萨古鲁确实跟大家一起来到了这里,她只是微笑,再次说,"不,他早已不在了。"

我向萨古鲁请教这个事情。我好奇地想知道这个妇

第八章　最后一夜：深入领悟

女在看萨古鲁的照片的时候究竟看到了什么。她似乎也有着跟普通人完全不同的认知能力。

萨古鲁再次大笑了起来，说："看，有人是不会被蒙骗的。我制造了这个骗局，将你们所有人都蒙骗了过去。有人跑到孟加拉妈妈那里，她说：'他不应该还活着。'她这样说是因为只有具有某种能量振动频率和受到'业力'制约的生命才会被宇宙计为生命，而我不在其中。这就是她所说的意思。你也知道，在经过长期的高强度努力工作之后，'迪亚纳灵伽'正在开花结果，但是在完成建设'迪亚纳灵伽'的使命之后，我注定要马上离开人世。作为一个单独的生命体，在很多方面其实我被吸纳进了宇宙存在体之中，但是我将自己跟我周围的各种生灵纠葛在一起，才让我得以成为一个宇宙的幽灵那样存在着——但是你看，谢丽尔，我是真实的！

"所有这些听上去似乎都无法捉摸和难以置信，但是你必须看到，即便是现代科学现在也在谈论一些超越理性的事情。你知道当我和你坐在这个小岛上的时候，他们正在谈论宇宙存在着十一个平行的存在体吗？在瑜伽的体系中，我们一直在讲存在的二十一个不同的层面。

心灵午夜密谈

所以,孟加拉妈妈讲到这个并不是因为她了知一切事物,而只是因为她存在着。她不是一个妇女,也不是一个男人;她不是圣人,也不是圣贤或者神仙。她只是存在着,所以她具有某种清晰的洞察力。一个在喜马拉雅山的妇女能够看清这一切,这件事像是上帝开的一个玩笑。

"如果你让自己的窗户保持透明,你自然就会看到事情的本来面目。她的洞察力并不表明她层次很高或者很低。高和低都是人为制造出来的,这样的观念跟现实无关。你对高低、好坏、功过、神魔的感觉都是你自己创造出来的,是你自己的投射。这些投射跟现实无关。现实不多不少,就是如此。所有我们必须面对的问题其实都关系到你怎样如实对待现实。"

萨古鲁继续道:"拉姆·达斯自己或许不知道,但是他是一个清晰的窗户。你可以通过他看见很多,但是他无法成为你的上师,因为他没有方法。如果你跟他待在一起有足够多的时间——我不知道你跟他待在一起有多久——他很可能会一直讲同样的东西。什么也不会发生。如果你只是跟他坐在一起,或许会发生一些什么。但是通过他的教诲却什么也不会发生,因为他还不足以

第八章　最后一夜：深入领悟

成为一个上师。他是一个清晰的窗户。他是让你有一个清晰视野的媒介。

"你必须通过窗户去看。但是你没有必要把那扇窗户背在身上。你没有必要因为它让你看到一些东西而将它背在身上。一个清晰的窗户让你看到一些东西，这就是它所能做到的一切。不错，它可以在很多方面有助于你，但是这些瞥见只能起到激励你的作用。瞥见本身不会让你达成什么。它不会转化你。你去见其他一些大师，或者看到任何什么现象，它们只能激励你去追寻。它不是终点，拉姆·达斯告诉你他不是你的终点，这很好。世界上有很多这样的窗户，尤其是在印度。这样的窗户有很多很多。"

"萨古鲁，那一个上师跟一个窗户有什么区别吗？"我问道。

"一般而言，一个上师不会让你看到你告诉我的那样的瞥见，除非他看到一个人身上有某些特别的局限需要被打破。相反，他会给你一些方法将你的局限慢慢地耗尽。这些方法可以帮助你从你现在的处境中挣脱出来。

心灵午夜密谈

因为瞥见只是一些令你快慰的体验而已，它们对你没有多大用处。你或许喜欢它们，但是它们往往激起你的想象，甚至将你引向幻境。你看，出于个人的需要和期待，人的头脑经常会将一切事物都扭曲变形而导致对你更多的制约，这样的危险始终存在，这样的诱惑也始终在向你招手。

"这样讲或许能让你更容易理解：一个上师就像一个技术专家或者一个机械师，他会给你必要的工具和指导，会教你怎样把现有的装备设施搞定，好让你成为适合的中介，让终极之花通过你这个中介而盛开。这是一种主观技术，无法被客观地掌握，所以一切都带着神秘性。"

我说："但是这样依然难以理解。你怎么能看清我们需要什么呢？我已经好几年没有得到灵性的启示了。虽然我做了相当多的修行，但是我从不觉得它们对我有什么决定性的影响。"

他说："谢丽尔，要相信有人拥有与你不同层次的感知能力真的那么难吗？甚至狗都能感知到你无法感知的事物。如果我闭上眼睛坐着，有人走进房间，在我闭

第八章 最后一夜：深入领悟

着眼睛的情况下，我可以告诉你走进来的是怎样一个人，甚至狗也能做到这个。以眼前这棵树为例子，你看到这棵树，知道它怎么会被旁边那棵大树的树枝给遮挡和阻碍住，我们每个人都看得很清楚，如果我们想要让那棵小树成长，我们必须砍掉那些阻碍它的树枝。同样，对一个人来说，我可以看清他需要什么。

"许多老师都教过你怎样用正确的方法修习瑜伽，但是那个主观的层面被漏掉了。虽然在你身上发生了一些变化，但是持续稳定的灵性成长并没有发生。那些老师的传承都很好，所以他们的方法是正确的，但是那个主观的层面被错过了。在瑜伽文化中，我们把灵性成长和瑜伽方法视作一个活生生的神灵。这是因为方法本身可以带来身体上的利益和精神上的稳定，但是除此之外，它就无能为力了。那个教导方法的人应该能够将生命注入其中。为了让更深的层面对你打开，一个方法必须具有活的生命力。之前我跟你提到过帕坦伽俐，他是'瑜伽之父'，也是《瑜伽经》的作者。他使用那个'经'字，其意思是'经线'，一根赋予开悟者自由去编织花环的经线。虽然没有经线就没有花环，但是你不会把经线戴在头上。

心灵午夜密谈

"根据某个大师的成就,他们在这根基本的经线上面加上鲜花、珠子或者宝石。如果你只是戴着那根经线,那对你没有什么大的用处。这根经线就会被浪费在愚昧无知之中。我们想要溶解你目前的自我,因为这样你自己就不会成为转化的障碍。

"谢丽尔,如果你只是缺少灵性上的启示,总有人或事会来启示你——但是启示的作用到此为止。如果你想要信息,你可以得到信息,但是了悟不会发生。你必须了解生命存在于许多不同的层面。当我们处于某一个经验层面,另一个层面,无论它是什么,对我们来说就不是现实。举个例子,对你而言,太阳在早上升起,就有了光明。太阳在晚上落山,就有了黑暗。这个就是你的现实。但对很多动物而言,比如猫头鹰,太阳在早上升起的时候,那是黑暗。太阳在晚上落山的时候,那是光明。

"如果你跟这只猫头鹰坐在一起,开始争论什么是光明什么是黑暗,那么你就是在白费力气。你知道自己在白费力气,因为你的感知跟它的感知处于完全不同的两个层面。这种感知只是为你的生存提供保障。如果你

第八章 最后一夜：深入领悟

不知道生命层面的多元性，你现有的生活方式将是非常可怜的。像这样的生活只是在兜圈子。因此，当我们讲到超越身体和精神的瑜伽的时候，我们讲的其实是打破你现有层面的限制，转化到生命的一个完全不同的层面：从物质世界转化到另一个现实存在。这另一个现实存在并不在别的什么地方，对一个完全扎根在物理本性的人而言，他只是感知不到而已。

"如果你想要追寻这另一个层面，找到一个早已进入这个层面的人帮助你是最佳的选择。否则，这个旅程将会一眼望不到尽头。在不知道自己去向哪里的情况下，有少数人愿意将船开进开阔的海洋。他们只是往前开，或许某一天他们会发现一些什么。有些人可能会发现一些什么，有些人可能会死去，但是只有一小部分人会穿越过去。你知道地球是圆的，走足够长的一段距离，你终将会到达陆地。假设你并不知道地球是圆的，你乘上一只船，向海洋深处进发。你只是往前赶。只有某些人会这么干。这件事不是每个人都能做到的，不是每个人都能成行。你必须愿意将生命交给大海。

"所以，如果你希望走进一个超越你现有的经验和

心灵午夜密谈

理解的层面，还是有一些办法可以让你进去的。其中一个办法是我给你地图，你自己去找路。这完全看你自己了。所以，如果你想走进一个超越你现有经验和理解的层面，有一张地图总是好的，但是你要知道即便有一张地图，你还是随时可能会失去方向。另一个办法是，我打开我的尾灯，对你说：'只要跟着我就行了。'这样你就可以设法保持距离紧跟不舍。突然雾气袭来，你无法看清尾灯，你突然之间觉得自己被抛弃了。接着你又看到尾灯的一线微弱之光，你又想：'噢，还好，它还在。'这样的事情一直会发生。你一直会迷失，质疑自己是否被人抛弃。有时候在你我之间可能有十辆车子，你又想：'噢，他离开了我。'大多数人就是这样跟车的。还有一个办法就是你只要坐到我的车上。一旦你上了我的车，即便你打个盹儿也没有关系。你会到达目的地，但是你不能自己去驾驶。所以，这里有三种办法。我对这三者都持欢迎态度。如果你是具有冒险精神的那一类人，那就使用地图吧。如果你不想冒险，又想自己做事，那么我们给你开着尾灯。大多数声称自己喜欢冒险的人都是一有冒险机会就躲得远远的那种人。你只要仔细观察就知道了。或者，如果你讨厌迷失方向，也不想向自己或别人证明什么，你只要到车上去，一屁股坐下来就行了。

第八章　最后一夜：深入领悟

汽车会开到它该到的地方的。你自己决定。任何一种办法我都觉得很好。如果你时间充裕，你可以带着地图到处走走，如果你比较着急，那么就跳上我的车。

"这样做，说难不难，说容易也不容易。但其实很简单。只是因为你的头脑被搞迷糊了，它才显得不简单。你的头脑是在你所积累的种种限制下运作的，它被不断地牵制和挤压，你给自己的种种限制镀金抹银以掩饰自己受困的局面。如果你停止给自己镀金抹银，如果你不再将镣铐看作首饰，不再以此为骄傲，那么事情就很简单，你就可以完全投入其中。请看看，你采用了多少欺骗自己的方式来寻求周围人对你的限制的支持？你想要让自己的限制获得赞同。你想要跟这些制约你的东西达成和解。"

听到这个，我吃了一惊。当然，他是对的。我看看里拉，她正在冲我微笑。篝火的光影在她脸上舞动。我靠在背后的一棵树上，想着这些年我加诸自身的所有的制约。我们为什么要对自己做这样的事情呢？我疑惑着。柴火爆裂的声音将我的注意力引到了萨古鲁身上，他的双眼深邃得就像两口井。

心灵午夜密谈

我在想,原来我们一直在无意识地维护和修补着我们的身份感,这真是一件有趣的事。我以前没有意识到,当我们说"我就是这样的,我就是那样的;我就是这样的人"的时候,我们其实是在限定自己的身份。很多人都讲到"没有边界",我并不了解它的真正意思是什么。但是现在我对此有了更好的理解,我知道,一直以来我所做的事情其实都是在缩小自己的边界。在遇到萨古鲁之前,我可以说我对这样的收缩颇感自得:我对自己喜欢什么不喜欢什么越来越讲究,对那些我认为无从估量的事物也会很快做出负面判断。比如,如果某个地方没有安装空调,我决不会入住。出去散步,必须符合温度二十摄氏度外加天气晴朗的要求。我认为所有这些要求都是正常的。我已经对所有这些制约都习以为常。现在看来,这些制约对我而言不再那么正常和真实。现在,很多事情我多半不再回避。并且,即便当时还是有所抵触,但是到后来我总是庆幸自己能够坚持下来。

这令我想到了另一个想问问萨古鲁的问题:"萨古鲁,我认识的许多人都认为以他们那样的方式生活挺好的。事实上,在美国,有些人甚至认为要么他们已经把所有的事情都想明白了,要么他们'已经达到'或成功了。

第八章　最后一夜：深入领悟

如果他们认为他们早已经到达，那么转化怎么可能发生呢？"

"问题是，不管你打磨什么东西，它都会发光。无知也是如此。我看到这个世界今天的这个潮流，尤其是在西方，他们不承认自己所不知道的事情，他们已经假设他们还没有经验到的东西就是他们的一种现实。理智上了解存在性的现实并不说明任何问题。曾经有一段时间，人们相信上帝就在那里。现在有很多人到处说：'上帝无处不在。'也有人说：'上帝就在我心中。'从某种意义上说，所有这样的声称都同样是虚假的。有时候人们通过各种方式有了一些令人振奋的经验，他们甚至把它称之为开悟。几乎做任何事情，如果你带着一定的强度去做，都会给你带来振奋的体验。这就像你在一堵墙的这一边，在一张蹦蹦床上蹦跳，你努力地跳得高，对墙的另一边有所瞥见。只是对超越的层面有所瞥见并不说明你已经生活在这样的现实之中。找到一个方法穿越那堵墙才是灵修的终极目标。

"现在的情况是，只要一个人不再需要服用抗抑郁药，他就认为他已经达成了。一点点的平静和健康并不是终极

心灵午夜密谈

目标。那个终极根本不是健康,除非你站在稳定的健康的基础上,否则你就没有办法达成那个终极。仅仅拥有健康的身体就像乘着一辆停滞不前的车子出去旅行。

"如果你只是在停车场里坐在你的梦之车上,从早上到下午,从下午到傍晚,从傍晚到夜晚,而夜晚又变成了白天。季节在变换,花开了,花落了。你可以一直坐在那里,相信你正在前往某个地方,因为窗外的景色一直在变化。只是要变得健康快乐,你不需要进行灵修。坚持锻炼,读一本好书,维护良好的人际关系,或者也可以去打打高尔夫球,这些就能让你保持健康快乐。虽然身体和精神上的健康解决了你生活中的很多问题,但是它本身不过是让你去满足内心更为深入的渴望的一个平台,只有当你意识到了这一点,灵修才变得跟你相关。你内心有一些什么一直在渴望无限地拓展。当你开始灵修,身体和精神上的健康快乐就会自然地发生。这是一种额外的收获,而不是目标本身。所以,当这些小小的额外的收获发生在人们身上的时候,很多人倾向于认为他们已经达成了灵性的目标。"

我发现自己再次陷入了沉默。这一周的其他几个夜

第八章 最后一夜：深入领悟

晚也有很多沉默的时刻，但是因为时间已经不多了，我还有很多问题想问，所以我决定将另一些一直啃噬着我的内心的问题提出来。最近有一次萨古鲁提到了我过去的一件事，但是这件事他不可能知道，我很想知道，他是怎么知道这件我既没有向他提起，也没有跟其他任何人提起的事情。我说："萨古鲁，你似乎对发生在我们身上的事情一目了然，你总是调侃我们，说我们来到你面前是犯了一个错误，因为在你面前，我们就不再有任何秘密。那么你确实能够看到我们的过去和现在吗？"

萨古鲁说："如果我不能，我就无法从事这样的工作。"

"但是这样做意味着什么呢？"我希望了解得更加深入一点。

萨古鲁慢慢地解释道："我看到一个人的时候，首先做的一件事情就是向他鞠躬。通过鞠躬，我向他们内在的神性表示敬意。同时，我也看到他所累积的印象堆积在他的头脑中。我看到他所有的业力结构及其所导致的个人取向。过往的事件对有些人具有非常强烈的影响。

心灵午夜密谈

虽然这些事件已经过去，但是它们却成了活在他们内在的一部分。我可以看得很清楚，如果他们继续在这些强迫性的个人取向中生活下去，会对他们造成什么样的后果。你之前曾经提到说我回答问题的时候经常不仅回答问题本身。有些人可能问了一个错误的问题，但是我必须给他一个正确的答案。有时候有人问了某个问题，但是我会从一个完全不同的角度来回答这个问题，因为我不只是听他们表面的言词，我将他们作为一个人来聆听。我听到的是他们所累积印象的回响，比如你现在在我面前，我把你看成是你的'业力'的累积。所以一旦你坐在我面前，就没有了所谓的隐私，这是真的。有了爱，就不再需要隐私。对这些你真正爱着的人，你总是愿意让他们进入你的私人空间。当我将一切生灵包围在真爱之中，我不允许他们有任何隐私。"

萨古鲁爽朗地笑了起来，一边起身走到湖岸边，随性地跳入水中开始游起泳来。我和里拉听着水中的拍击声，不禁四目相对，我们想的是同一件事：我们没有准备好毛巾和衣服。在他身边，你得将一切都准备好才行！

之后，在我们吃完一大包薯条之后，我忽然想起要

第八章 最后一夜：深入领悟

问问萨古鲁那首关于美洲的诗。

萨古鲁对我的问题并不感到意外，沉默了一会儿说："那一次我在中央山湖遇到了一个美洲原住民，这是我写那首诗的起因。"

"遇到那个原住民怎么会激发你写下那首诗的呢？"我问。

萨古鲁的回答让我吃了一惊，他说："因为我遇到的那个人一直一动不动地站在同一个地方站了三百年。"

"三百年？"

萨古鲁说："你知道，美洲原住民常常被描写为一群非常强健而骄傲的人。他们懂得格斗。他们是优秀的战士，并对他们的文化感到非常自豪，同时他们也是非常直爽的人。今天他们可以跟你发生战斗，但是明天只要你叫他一声兄弟，他们就跟你和解了。他们就是这样的人。对他们来说，在一场战斗中杀戮和死亡是一种光荣。他们从来没有想到有人会来侵占和掠夺他们的土地。

心灵午夜密谈

他们就是无法理解这样的事。他们把土地看成是一个哺育他们的活的生灵。这是世界上少数几个当你说到上帝的时候眼睛不会往上看的文化之一。他们将土地视为创造和养育他们的源泉。

"当我在田纳西的阿巴拉契亚森林里散步的时候,我正好看到一个静静站立的男人。他静静地站着,凝固在一种绝望和羞辱的姿态中。他穿着那种土著部落的服饰。他就是那样凝固不动地站在那里。不论什么时候,当我看到有人在极速运动或者处于全然静止的状态,我的注意力就会被吸引,因为这两种情况给了我做一点什么的机会。而两者之间的一般的动作对我没什么特别的意义。那些处于动作的极端状态的人具有某种潜力。因此,我无法将我的视线从这两种人身上移开。

"那时,我看到他凝固地站在那里已经将近三百年了。当然,他不是以一个身体的形式站着,他的身体已经归于尘土,但是在那一刻他的精神依然站在那里。我仿佛看到了他的生活处境,这个特别的男人担负着保护他的兄长的责任和义务,而他的兄长是一个部落的首领或酋长。他就是首领的得力助手,担负着全力保护他的

第八章　最后一夜：深入领悟

职责。在他们的传统中，兄弟并不一定指来自同一个父母的那种兄弟。在他们看来，朋友就是兄弟。这个男人对他的兄长非常尊敬，他以能够站在兄长的身边并保护他作为一种特殊的荣幸。后来，在他为首领安排的与军人的一个会面中发生了一个事故。首领上了那些军人的当，这个在部落中颇具声望的兄长被白人杀害了。他认为自己应该对此负责。就是这个男人，他站在那里，满含着绝望、挫败和羞辱。他带着这样激烈的情绪在那里站了三百年。当我看到他的时候，他依然站在那里。所以，我想，该到了让他动一动的时候了。太多的羞辱、太多的挫败不是一件好事。为了帮助他从中解脱，我后来写下了这首算不上诗的诗。"

美洲

森林中所蕴藏的黑暗
融入了原住民的血液
在扭曲而杂乱的树丛中
印第安人倒下了
但是他们的精神屹立不动

心灵午夜密谈

> 噢，兄弟们，不必负疚
> 那些越洋过海的贪婪者
> 抢到了黄金和土地
> 却丢弃了智慧和荣耀
>
> 那些杀戮者的子孙是清白无辜的
> 不必背负他们祖先的罪孽
> 但是那些以勇气和自豪为养料的人
> 却站在挫败和羞辱中
>
> 噢，被杀者和杀戮者
> 都来拥抱我吧
> 让我将你们的灵魂安顿

我沉默无语，被这首诗和印第安人深深打动了。一个人竟然这样忧心如焚以致他的形象在时间中凝固了，听到这个令我屏住了呼吸。这是怎样发生的呢？这真是一个让人毛骨悚然、痛心疾首的故事。在碰到萨古鲁之前，我根本不会相信这样的故事；但是此刻，听到那个可怜的人所遭受的苦难，我的眼泪不禁夺眶而出。

第八章 最后一夜：深入领悟

或许我已经完全丧失了自己的鉴别能力，但是萨古鲁所讲的并不是不可想象的。它似乎就是一个事实。在跟随他这么长的时间里，好多事似乎都跟神奇的能量有关。这样的情况发生得是如此频繁，以至于即便那件事超出了我的感知范围，我依然能够对此保持开放的心态。这就跟当初我们曾经认为传真机和互联网不可思议一样。但是这些事情没有什么不可想象的。假如你知道我当初曾经是怎样一个愤世嫉俗的怀疑论者，你就会明白我在观念上已经跟原来的我相距甚远。如果是别人而不是萨古鲁讲到这些事情，我只会认为他们疯了，并不再理睬他们。我对萨古鲁这样一个神秘家已经有了切身体会，所以不再怀疑他具有比我所认识的其他人都更为宽广的感知能力。

跟萨古鲁待在一起的时间越多，我亲身见证到的奇事就越多。几个月前，我正在做一个壹沙瑜伽中心的项目，所以跟萨古鲁在田纳西的纳什维尔有一个会议。我提前到达了会场，在那里碰到里拉，她告诉我萨古鲁在前些天上了一个电视节目。萨古鲁是三个嘉宾中的一个，他们在电视上回答了有关生命及其秘密的观众提问。跟他在一起的还有一个美洲萨满和一个来自一所著名大学的心理治疗专家。

心灵午夜密谈

　　一个妇女带着一盘她丈夫的录影带参与了进来。她的丈夫四十多岁，被诊断得了致命的癌症，他的癌症已经到了晚期，死亡就在他的眼前。那个妇女给大家看了一段非常感人的录影，是关于她躺在病床上的丈夫的。她的丈夫非常恳切地询问了一些关于死亡的问题。他谈到了祈祷，谈到了为什么上帝应该挽救他的原因。人们都让他祈祷，而他整个一生都在祈祷，但是此刻他不再那么确信祈祷的作用。上帝为什么会回应他一个人呢？为什么不是回应世界上那么多受苦受难的人呢？人们期待这三个嘉宾从自己不同的角度回答他的这些问题。萨满讲到了在另一个世界有一个很精彩的派对，他所有的老朋友和他所挚爱的人都在那里等着他过去。萨古鲁则针对这个癌症患者在他生命的最后阶段真诚地渴望领悟生命真相的心情，从一个不同层面的视野和慈爱作出了回应。他一开始讲话，就似乎掌控了整个电视节目。

　　里拉正在讲这个故事的时候，萨古鲁也过来了，他加入了我们的交谈。他说，节目中的其他两个人尽了他们最大的努力来安慰这个男人。他又说这个男人并不想要安慰，他想要的是帮助和理解。萨古鲁跟这个男人的妻子说他可以提供帮助。那个妇女刚才打电话给萨古鲁

第八章　最后一夜：深入领悟

说她的丈夫确实需要帮助。萨古鲁说我们将在一个小时内赶到他家里为他提供相应的帮助。

听着萨古鲁这么说，我开始有些不理解他的话。"我们要在一个小时内赶到那个出现在电视节目录影中的男人的家里？"我问道。

"是的，他需要帮助。"他回答说。

"你准备去帮助他？"我不解地问道，"你的意思是——你准备去帮助他死去吗？"

"是的，"萨古鲁说，"他和他的妻子都非常勇敢。"

"萨古鲁，我还是不明白你的意思，你是说他会达成开悟吗？"我问道。

萨古鲁笑了起来，说："不。他不会达成你所向往的东西，但是他会有一个非常轻松的着陆。"

我还是没有弄懂萨古鲁在讲什么，不过我还是跟着

心灵午夜密谈

里拉和萨古鲁一起赶往那个男人的家里。在路上，我对萨古鲁说："你知道吗，那个叫科沃基恩（Kevorkian）的人为了帮助别人死去惹了一身的麻烦。事实上，我想他现在已经进了牢房了。"

萨古鲁大声地笑了，说："谢丽尔，我可不是去杀死他，我没准备去把他的氧气管拔掉。我甚至都没想到要去碰触他。我只是去帮助他平静安然地离开。"

大约半个小时后，我们来到了他家里。这是一幢位于中型社区的小房子。当我们进去的时候，屋子里满是人，基本上都是家庭成员。我曾经在一个讲座中听过萨古鲁讲到死亡，他说如果家人不在旁边，一个人死的时候会更自在一些。当我们所爱的人和物不在身边的时候，我们更容易放下一切离开人世。很显然，在美国，我们并不是这样做的。出于某种原因，我们都觉得在我们所爱的人离去的时候应该陪在他身边。

我们跟他的家人打了招呼，他们对萨古鲁的到来表示感谢，然后他们将我们带到他的病床前。他躺在床上，没有穿一件衬衫，只盖着一条毯子，他身上还同时挂着

第八章 最后一夜：深入领悟

几个静脉注射器。当萨古鲁走进房间的时候，他的眼睛睁开了。实际上他的气色看上去挺不错的。我曾经听说他处于极度痛苦之中，所以看到他这样清醒，看不出一点痛苦的迹象，让我十分惊讶。萨古鲁闭着眼睛在那里站了一段时间，接着给了那个男人一个拥抱就离开了。

在回去的路上，萨古鲁说："我已经把事情安排好了。他会在明天离世，明天的月亮是满月，那是吉祥的一天，那是他离世的好日子。"

"安排好了是什么意思？"我问道，"你怎么知道他会在明天离世？医生都不能做这么准确的预测。"

"谢丽尔，我这不是在做猜测，"萨古鲁回答道，"他的能量已经非常虚弱，已经超过了维持身体所需要的那个点，他撑不了多久了。使用这些维持生命的医疗仪器，他们或许可能将他的生命延长一到两个星期，但是那个时候他极可能完全处于无意识的状态，从而失去了在觉知中离开这一世生命的机会。所以，我设定了他的能量系统，好让他在明天十一点半到两点满月的时候离开人世，这是一个离开的好日子。"

心灵午夜密谈

第二天，我回到萨古鲁所住的公寓中。大约在我到达一个半小时之后的一点钟，电话响了起来。萨古鲁接到了那个人去世的消息。他们告诉萨古鲁说，自从他去看了他，他所有的痛苦似乎都消失了。见证到那一刻对我来说是一个不小的触动。当初我没有机会就这件事情向萨古鲁问个究竟，但是现在，既然我们三个人在这个小岛上又坐在了一起，我想他或许愿意把这件事说得更加详细一点。

我对此一无所知。我对自己在死去的时候能够达成开悟或者至少比现在更多一些领悟还抱着某种期望。

"毫无疑问，"萨古鲁说，"这是一件好事。"

"那么，好在哪里呢？"我问。

"谢丽尔，当你拥有一个人类的身体，你总是可以做很多事情来进化自己的。"

我还是没有真正地搞懂他的意思。我问萨古鲁为什么死亡的那一刻被认为是非常重要的。

第八章 最后一夜：深入领悟

萨古鲁回答说："当一个人有意识有觉知地离开他的躯体的时候，能够亲自见证死亡这一刻的人会以一种新的感知来认知生命，而这样的机会在其他时候是极为稀少的。这就像黑夜和黎明交替时的曙光，你可以同时看到生命和死亡。各种各样的瑜伽修行就是要带给你这样的一个瞥见。就是基于这个原因，世界各地的各种文明中，人生命的最后一刻或者说死亡的那一刻都被认为是非常重要的。"

萨古鲁曾经说我们还没有了解到人性的无比宽广性，现在看来确实是这样。他经常说"很多人基本上只关心生存——只关心吃饭、睡觉、性爱"等等——但是人不是动物，他具有达到意识顶峰的能力。我也经常感到我还没有活出我生命的全部，而且浪费了很多时间。事实上，当我遇到萨古鲁的时候，他告诉我说我正处于将生命浪费在懒惰和自满的危险之中。我对此并无异议。事实上，当时我最为关心的事是：为什么我不能为自己做更多的事？虽然我可以在某种程度上享受人生，但是我的内心依然一直渴望着一个比现在这个狭小的人生更为宽广的人生。

"萨古鲁，"我说，"我曾经不止一次地听你讲到说大多数人并不想要真理。他们需要的不过是安慰罢了。我的理解是：他们只是想要维护原有的信念系统，这样他们就心满意足了。我也曾经听说你一再拒绝谈论超出人们经验范围的事情，但是让人理解事情的真相不是对他们更有有益吗？如果人的生命对我们来说是一次如此巨大的进化机会，那最好的方式是不是就是在今生就去了解它，而不是坐等问题自己解决？一旦我们投身为人，我们是不是就开始在这样一个所谓的人生故事中打转，直到有一天我们想从中走出来？"

我刚问完我的问题，一阵暴风雨夹带着电闪雷鸣骤然而降。尽管我诅咒暴风雨来得不是时候，但是今晚我们的谈话不得不就此结束。我看了一下手表，已经接近五点了。我不得不等待下一个机会再提出我的其他一些问题了。我不想看到今晚就这么结束了，我希望它一直持续下去。不仅是今天这个夜晚结束了，一周的午夜密谈也临近尾声了。

这是一个结束，但我知道，这也是一个开端。

后记

第二天早上，也就是我们一起待在湖边的最后一段时间，转眼就过去了。吃过早饭，在萨古鲁、里拉和我把行李打包装上车子之后，我们将各奔东西。里拉将回到她在美国中西部的家。萨古鲁和我则赶往机场，萨古鲁将搭乘飞往加利福尼亚的飞机，我将赶往佛罗里达去看我的父母。

在与里拉挥泪告别之后，我锁上房子，与萨古鲁一起开往亚特兰大机场，开车的当然还是萨古鲁。一路上，与来的时候相比我内心更加平静了，这一周内经历的事情还历历在目。我几乎无法相信，在这么短的一段时间内在我身上发生了这么多的事情。跟这样一个神奇的大师在一起，这一周内发生的事情对我的启发之多之深，超过了在认识萨古鲁之前的三十多年，在那三十多年的时间里我也曾经试图参透心灵，领悟人生。不过，我也

心灵午夜密谈

知道我对萨古鲁的了解也只是一鳞半爪，我对自己究竟能够成为怎样一个人的认知也还相当肤浅。

因为萨古鲁，一个崭新的维度在我面前打开了。这完全改变了我体验生活的方式。当然，我还没有找到我所有问题的答案，我也没有突然之间达成开悟，但是我的内心确实发生了深刻的变化。

当我问萨古鲁为什么在我面前的一切都变得如此鲜明生动，为什么瑜伽的作用要比我所尝试的其他东西更为显著的时候，他说："因为我不是在教瑜伽，我就是瑜伽本身。"后来当我再次追问的时候，他又说："因为这是活的传输。"我不知道这句话意味着什么，但是我感觉到瑜伽修行不仅在身体层面上改变了我。我无法相信当初我居然会质疑拥有一个上师的意义。

跟之前我在机场碰到的那个年轻人告诉我的一样，发生在他身上的事情同样也在我身上发生了：所有这一切对我的执着和恐惧都具有一种解脱的作用。如今，无论我处在怎样的外在环境中，我的心灵依然能穿行在一个更高的海拔高度上。这并不意味着我不再会遇到挫折。

后记

挫折会来到，棘手的事情也会来到，但是我不再会被焦虑所吞噬。我也不再会像以前那样杞人忧天。马克·吐温曾经说过，"我的一生曾经经历了很多糟糕的事情，其中只有一部分事情真正地发生过，其他糟糕的事情都是我们想象出来的"。我不再过着那种被外在环境所主宰的生活，相反，不论发生什么棘手的事情，我始终都踏实而快乐。

萨古鲁说，一旦你成了一位瑜伽士，任何事情都不可能再对你有任何影响了，因为你可以将任何事情运用于自己的心灵成长。即便在地狱里，一位瑜伽士也是快乐的。如果你很快乐，那么地狱就不存在了。

当我回顾往事，发现：自从我遇到萨古鲁并开始修习瑜伽之后，这几年中我已经发生了很多改变，这几乎是一个奇迹。萨古鲁说过奇迹并不是随着"嘣"的一声巨响就到来了，相反，奇迹是安静地到来的。奇迹的到来就像鲜花盛开、树木生长一样悄无声息。

心灵午夜密谈

我靠在座位上，沉浸在自己的思绪中，并享受着开往机场的旅程。萨古鲁转身问我想不想参加西藏冈仁波齐神圣行走，他说他不久就会带着一队人马前往。他曾经在去年的时候向我提起过这件事，当时我们一群修行者正跟他一起攀登喜马拉雅山。那时他讲到冈仁波齐峰以及一个玛旁雍错（Lake Mansarovar）的地方。他还告诉我们他对这些地方的一些了解，并问我们谁想一起去。还没有来得及仔细考虑，当时我就将手举了起来，可以想象我当时的心情是怎样地迫不及待。

我回到家里对冈仁波齐峰做了一番研究，结果发现冈仁波齐峰的海拔高达六千七百多米。光是到它的山脚下，就要爬到将近五千五百米的高度，这绝对不是一次轻松的登山。我还发现登山的路程非常艰险，每年都有很多登山者死在途中。我还咨询了我的家庭医生，她告诉我，她有两个同事也曾经跟着一个十四人的队伍去冈仁波齐峰登山，结果两人都在登山途中死于肺气肿。我原先想去的强烈愿望变成了担心，我担心我去了会不会死。我在网站上也看到了关于高原反应的症状介绍，以

后记

及急剧变化的恶劣天气和山体滑坡的风险。冈仁波齐峰被认为是亚洲最艰难的朝圣之地。对于了解萨古鲁的人来说,这些情况都不值得大惊小怪。但是这对我来说却是一个很大的挑战。我得出一个结论:我绝对不适合去做这样的旅行。如果我再年轻几岁,身体再强壮一点,或许我会去。

所以,在车子一路往前开的时候,萨古鲁问我有没有打算要去冈仁波齐峰。

我回答说:"不,我不去。"

萨古鲁问道:"为什么不去,谢丽尔?你应该去,去那里对你有好处。"

他这样说让我措手不及。我曾经很仔细地想过这件事,对自己的决定也感到相当满意,因为我相信这次旅行对我来说实在太艰苦了。但是我没想过要跟他谈论这些想法。去那里对我有好处吗?萨古鲁这样说可不是说着玩的。我渐渐产生了一种不安的感觉,心中充满了巨大的恐慌,我害怕自己不管旅途多么艰险还是做出要去的决定。所以，我说："萨古鲁，情况是：如果它不会要了我的命，我真的很想去，但是考虑到我的年龄、身体状况以及其他一些事项，我真的是无能为力。"

萨古鲁开始放声大笑了起来，他说："谢丽尔，如果它不会要了你的命，它就不值得你去做！只有在你会死去的情况下，你才会变得活生生。让我们一起去这个最神秘而遥远的地方去试试死亡的滋味吧。"

那次旅行我确实去了，不过那是另一个故事了……

后记

那即是一

血肉
心灵
不过是途径
去了悟
那即是一

——萨古鲁

心灵午夜密谈

中文版再版后记

今天和编辑的交流过程中，聊到本书，应其要求补一篇后记。我的思绪一下子回到 2011 年那个秋天，当时偶然在网上看到萨古鲁在 TED 演讲的视频，他讲述了自己悟道的经历，我被他的智慧和活力深深打动，这触动了我每一个细胞。随即在网上搜索萨古鲁这个人，当时基本没有任何关于萨古鲁的中文信息，只有当当网上跳出了一本书——《心灵午夜密谈》，随后我买了回来。我整个夜晚都沉浸在萨古鲁和西蒙的对话中，我对这位东方智者产生了浓厚的兴趣，心中也涌起了一定要见到他的想法。

这本书我连续读了好多遍，在接下来的几个月中，我通过翻译软件浏览萨古鲁创办的 ISHA 机构网站，终于看到一条萨古鲁亲授课程于 2012 年 3 月在新加坡举办的消息。随之在懂英文的友人帮助下，我联系上印度壹沙

中文版再版后记

瑜伽中心，费尽周折，终于顺利参加了课程。说实话当时我对瑜伽一无所知，加上语言不通的原因，只是记住了课程中所教授的几个动作及练习步骤。在短短的几天课程中，我被萨古鲁的魅力和智慧所吸引。虽然语言不通是一种障碍，但是我仍然感受到了课程中传达的智慧。

在回国后的练习中，约四十天后，我感到身体明显更有能量和活力。我在想这个方法对我这样的人这么有效，那在中国一定也会有人需要它。这促使我踏上了去印度见萨古鲁的旅程。2012年5月，我在翻译吴佳的陪同下作为首批中国人来到壹沙瑜伽中心，那时中心很少有中国人到来。那次印度之行可谓"回家之旅"。5月印度南部的天气和中国中部的夏日很像，我仿佛回到了儿时的外婆家，真的舍不得离去。没想到自此一发不可收拾，回国后我基本每两个月就带着几位求道者前往印度，那时基本上都是萨古鲁亲授内在工程课程。2013年，在印度壹沙瑜伽中心的支持及萨古鲁的亲自指点下，在中国香港创办了艾萨瑜伽（中国）有限公司，同年4月成立了全资子公司艾萨瑜伽（苏州）有限公司，自此壹沙瑜伽正式进入中国。从刚开始带着几位求道者去印度参加课程，到现在成百上千的人正在了解壹沙瑜伽。这段路

心灵午夜密谈

对我的改造和提升非同凡响，我在不懂英语更不懂服务的情况下，在跌跌撞撞中一步步成长。随着这一切的发生，我真的体验到萨古鲁所说的喜悦和自由，这些已彻底改变了我的生命。

一晃这本书陪伴我已有十年了，我手中捧着这本后来由萨古鲁亲笔题词"love & grace"（爱与恩典）的书，真切感受到上师的爱与恩典在我心中流淌，我相信这本书的再版，将会让更多人拥有触碰这一古老瑜伽智慧的机会。

2023年，我和这一帮十多年一路走来的朋友，组成奉爱团队发愿在全国进行古典瑜伽公益行，传播这一古老瑜伽技术，愿你在这场生命旅程中拥有喜悦和自由。奉爱团队把壹沙瑜伽带到中国已经十多年了，很多人因此受益，是时候让更多的人拥有它。希望在下一个十年我们能实现这一点，即无论你是谁，你的宗教信仰、性别或身体条件，只要你希望拥有一个简单易行的灵性修习方法，那么请加入我们。我们希望能为更多人的生命带来一种灵性修习的方法。

中文版再版后记

只愿你好，别无所求。

奉爱团队：韦巢
2022 年 12 月